LA HUMANIDAD: JEROGLIFO DEL UNIVERSO

RUDOLF STEINER

Traducción de A. López-González

Elefante Books

MMXXIV

ELEFANTE
BOOKS©
& Educational Technologies
RIF J-503454024

ISBN   9798879132434

Traducción original al castellano a partir del volumen *Rudolf Steiner Gesamtausgabe Vorträge Bibliographie-Nr. 215 (GA 201)* o *"Entsprechungen zwischen Mikrokosmos und Makrokosmos Der Mensch - eine Hieroglyphe des Weltenalls"*. La traducción del alemán al castellano, para esta edición, es de Alejandro López-González, PhD. Todos los derechos reservados®

CONTENIDO

NOTA INFORMATIVA 7

Conferencia Uno: La Relación Abstracta del Hombre con el Universo 9

Conferencia Dos: La Dinámica del Espacio y el Ser Humano 27

Conferencia Tres: La Interrelación del Hombre y el Cosmos 43

Conferencia Cuatro: Explorando las leyes superiores 63

Conferencia Cinco: La Dinámica Cósmica y su Reflejo en la Formación Humana 85

Conferencia Seis: De la Formación al Metabolismo 107

Conferencia Siete: El hombre como jeroglifo del universo 131

Conferencia Ocho: El Hombre y la Cosmovisión Antigua 151

Conferencia Nueve: Sueño, Voluntad y Conciencia 169

Conferencia Diez: Pensamiento humano y voluntad del universo 189

Conferencia Once: De Saturno a Venus y Mercurio 209

Conferencia Doce: Intervenciones Cósmicas y la Evolución Humana 227

Conferencia Trece: Una perspectiva desde el Antiguo Egipto 243

Conferencia Catorce: La Fusión de Corrientes Cósmicas y su Influencia en la Humanidad 257

Conferencia Quince: La Sabiduría Antigua 277

Conferencia Dieciséis: La Transcendencia del Pensamiento y la Materialidad en la Evolución Humana 295

NOTA INFORMATIVA

¿Cuál es el principal secreto del universo? El antiguo dicho misterioso llamaba al ser humano al "¡Conócete a ti mismo!" Rudolf Steiner explica que esta máxima no nos pide que estudiemos subjetivamente nuestro propio carácter personal, sino que lleguemos a un conocimiento de nuestra verdadera naturaleza humana arquetípica, y con ella la posición que ocupamos en el universo. En estas elocuentes conferencias, Rudolf Steiner habla del ser humano como el modelo de la creación, el enfoque principal del cosmos. En una extensa exposición, habla de la constelación de fuerzas cósmicas, el zodíaco y los planetas entre los cuales nos encontramos situados. Solo un verdadero conocimiento de nuestra naturaleza humana y de las fuerzas espirituales que nos rodean, el microcosmos dentro del macrocosmos más grande puede permitir que la humanidad progrese, afirma. Este libro es una contribución importante a ese objetivo: el desarrollo de una ciencia espiritual contemporánea del ser humano. Traducido a partir de informes taquigráficos no revisados por el conferenciante. En la Edición Completa de las obras de Rudolf Steiner, se publica el texto original en alemán con el título: Entsprechungen zwischen Mikrokosmos und Makrokosmos. Der Mensch — eine Hieroglyphe des Weltenalls.La traducción al castellano, a partir de los originales en Alemán, para esta edición fue realizada por el Dr. Alejandro López-González editor jefe de Elefante Books & Educational Technologies.

Conferencia Uno: La Relación Abstracta del Hombre con el Universo

Hoy intentaré dar una visión más amplia de un tema ya tocado con frecuencia. He señalado con frecuencia cómo, para el hombre moderno, las concepciones morales e intelectuales divergen. Por un lado, somos llevados, a través del pensamiento intelectual, al reconocimiento de la severa Necesidad de la Naturaleza. De acuerdo con esta necesidad, vemos todo en la Naturaleza bajo la ley de Causa y Efecto. Y también preguntamos, cuando el hombre realiza una acción: ¿qué la ha causado, cuál es la causa interna o externa? Este reconocimiento de la necesidad para todos los eventos ha adquirido en tiempos modernos un carácter más científico. En épocas anteriores tenía un carácter más teológico, y aún lo tiene para muchas personas. Toma un carácter científico cuando sostenemos la opinión de que lo que hacemos depende de nuestra constitución corporal y de las influencias que actúan sobre ella. Todavía hay muchas personas que piensan que el hombre actúa tan inevitablemente como una piedra cae al suelo. Ahí tienes el matiz científico natural de la concepción de la Necesidad. La visión de aquellos más inclinados a la Teología podría describirse de la siguiente manera. Todo está predestinado por algún tipo de Poder Divino o Providencia y el hombre debe llevar a cabo lo que está predestinado por ese Poder Divino. Así que tenemos, por un lado, la Necesidad de la ciencia natural, y por otro lado, la Presciencia Divina incondicionada. En ninguno de los casos se puede hablar de Libertad humana en absoluto.

En contra de esto está todo el mundo Moral. El hombre siente de este mundo que ni siquiera puede hablar de él sin postular la libertad de las decisiones de su voluntad; porque si no tiene posibilidad de decisión voluntaria libre, no puede hablar de una moralidad de la acción humana. Sin embargo, siente responsabilidad, siente impulsos morales; por lo tanto, debe reconocer un mundo moral. He mencionado antes cómo la imposibilidad de construir un puente entre los dos, entre el mundo de la Necesidad y el mundo de la Moral, llevó a Kant a escribir dos críticas, la Crítica de la Razón Pura en la que se dedica a investigar la naturaleza de la simple Necesidad, y la Crítica de la Razón Aplicada en la que indaga en lo que pertenece a la Cosmogonía Moral. Entonces se sintió obligado a escribir también una Crítica del Juicio que pretendía ser un intermediario entre los dos, pero que terminó siendo nada más que un compromiso, y se acercaba a la realidad solo cuando se dirigía al mundo de la belleza, el mundo de la creación artística. Esto muestra cómo el hombre tiene por un lado el mundo de la Necesidad y por otro el mundo de la Acción Moral Libre, pero no puede encontrar nada que una los dos excepto el mundo de la Semblanza Artística, donde — digamos, en escultura o pintura — parecemos estar representando lo que proviene de la Necesidad Natural, pero le impartimos algo que está libre de Necesidad, dándole así la apariencia de ser libre en la Necesidad.

La verdad es que el hombre no puede construir un puente entre el mundo de la Necesidad y el mundo de la Libertad a menos que encuentre el camino a través de la Ciencia Espiritual. Sin embargo, la Ciencia Espiritual requiere para su desarrollo un cumplimiento del aforismo que ganó respeto hace siglos, el dicho del griego Apolo: "¡Conócete a ti mismo!" Ahora bien, esta advertencia, que no pretende excavar en la propia subjetividad sino un conocimiento de todo el ser humano y la posición que ocupa en el Universo — esta es una búsqueda que debe encontrar un lugar en toda nuestra vida espiritual.

Desde este punto de vista, realmente podemos decir que el curso tomado por el desarrollo del Movimiento espiritual dirigido a la Antroposofía ha dado en los últimos días un paso adelante; ha comenzado a mostrar claramente a la vida espiritual de la humanidad cómo debemos buscar iluminar los métodos de pensamiento modernos con un conocimiento del Hombre; porque es un hecho que el conocimiento del Hombre se ha perdido en gran medida en los tiempos modernos. Este fue nuestro objetivo en el curso de conferencias que acaba de celebrarse para médicos, donde se intentó arrojar luz de manera positiva sobre cuestiones con las que la ciencia médica tiene que preocuparse. En la serie de conferencias impartidas por nuestros amigos y por mí, tratamos de mostrar cómo debe establecerse una conexión entre las ciencias individuales y lo que éstas pueden recibir de la Ciencia Espiritual. Es muy deseable que dentro de nuestro Movimiento haya una fuerte conciencia de la necesidad de tales intentos; porque si hemos de tener éxito, es absolutamente necesario dejar claro al mundo exterior —en un sentido, obligarlo a entender— que aquí no prevalece ningún tipo de superficialidad en ningún dominio, sino más bien un esfuerzo serio por el conocimiento real. Esto a menudo se ve obstaculizado por la forma en que las cosas llegan al público desde nuestros propios círculos, de modo que se supone, o fácilmente se puede pretender maliciosamente, que aquí se permiten todo tipo de sectarismos y dilettantismo. Nos corresponde convencer al mundo exterior cada vez más de lo serio que es el esfuerzo subyacente a todo lo que representa este Movimiento. Tales intentos deben llevarse más allá, y deben ser llevados más allá por las fuerzas de todo el Movimiento Antroposófico; porque ahora hemos dado comienzo a un verdadero conocimiento del Hombre que debe ser la base de toda verdadera cultura espiritual. Es cierto decir que desde mediados del siglo XV, la relación concreta anterior del hombre con el mundo ha ido volviéndose cada vez más abstracta. En tiempos antiguos, a través de la clarividencia atávica, el hombre conocía mucho más de sí mismo de lo que lo hace hoy, porque desde mediados del siglo, el intelectualismo se ha extendido por todo el llamado mundo civilizado. El intelectualismo se basa en una parte muy pequeña del ser humano, una parte muy pequeña; y produce en consecuencia no más que una red abstracta de conocimiento del mundo.

¿Qué ha llegado a ser el conocimiento del mundo en el curso de los últimos siglos? En su relación con el Universo, se ha convertido en un mero cálculo matemático-mecánico, al que en tiempos recientes se han añadido los resultados del análisis de espectros; estos a su vez son puramente físicos, e incluso en el dominio físico, mecánico-matemáticos. La astronomía observa los movimientos de las estrellas y calcula; pero sólo se fija en aquellas fuerzas que muestran el Universo, en la medida en que la Tierra está encerrada en él, como una gran máquina, un gran mecanismo. Es cierto decir que este método de observación mecánico-matemático se ha llegado a considerar simplemente como el único que puede realmente conducir al conocimiento.

Ahora, ¿con qué cuenta la mentalidad que se expresa en esta construcción matemático-mecánica del Universo? Cuenta con algo que se basa en cierta medida en la naturaleza del Hombre, pero solo en una parte muy pequeña de él. Primero cuenta con las tres dimensiones abstractas del espacio. La astronomía cuenta con las tres dimensiones abstractas del espacio; distingue una dimensión, una segunda (dibujando en la pizarra) y una tercera, en ángulos rectos. Fija la atención en una estrella en movimiento, o en la posición de una estrella, mirando estas tres dimensiones del espacio. Ahora bien, el hombre no sería capaz de hablar de espacio tridimensional si no lo hubiera experimentado en su propio ser. El hombre experimenta el espacio tridimensional. En el curso de su vida experimenta primero la dimensión vertical. Como niño gatea, y luego se levanta y experimenta así la dimensión vertical. No sería posible para el hombre hablar de la dimensión vertical si no la experimentara. Pensar que podría encontrar algo en el Universo diferente a lo que encuentra en sí mismo sería una ilusión. El hombre encuentra esta dimensión vertical solo experimentándola él mismo. Al extender nuestras manos y brazos en ángulos rectos a la vertical, obtenemos la segunda dimensión. En lo que experimentamos al respirar o hablar, al inhalar y exhalar el aire, o en lo que experimentamos al comer, cuando la comida en el cuerpo se mueve de adelante hacia atrás, experimentamos la tercera dimensión. Solo porque el hombre experimenta estas tres dimensiones dentro de él, las proyecta hacia el espacio externo. El hombre no puede encontrar absolutamente nada en el Universo a menos que primero lo encuentre en sí mismo. Lo extraño es que en esta era de abstracciones que comenzó en la mitad del siglo XV, el Hombre ha hecho estas tres dimensiones homogéneas. Es decir, ha dejado simplemente fuera de su pensamiento la distinción concreta entre ellas. Ha dejado fuera lo que hace que las tres dimensiones sean diferentes para él. Si diera su experiencia humana real, diría: Mi línea perpendicular, mi línea operativa, mi línea extensiva o extensora.

Tendría que asumir una diferencia en calidad entre las tres dimensiones espaciales. Si hiciera esto, ya no sería capaz de concebir una cosmogonía astronómica de la manera abstracta actual. Obtendría una imagen cósmica menos puramente intelectual. Sin embargo, para esto tendría que experimentar de una manera más concreta su propia relación con las tres dimensiones. Hoy no tiene tal experiencia. No experimenta, por ejemplo, la asunción de la posición vertical, el estar en la vertical; y por lo tanto, no es consciente de que está en una posición vertical por la simple razón de que se mueve junto con la Tierra en una cierta dirección que se adhiere a la vertical. Tampoco sabe que hace sus movimientos respiratorios, sus movimientos digestivos y de alimentación, así como otros movimientos, en una dirección a través de la cual la Tierra también se mueve en una cierta línea. Todo este apego a ciertas direcciones de movimiento implica una adaptación, un ajuste, a los movimientos del Universo. Hoy en día el hombre no tiene en cuenta en absoluto esta comprensión concreta de las dimensiones; por lo tanto, no puede definir su posición en el gran proceso cósmico. No sabe cómo se sitúa en él, ni que es como si fuera una parte y miembro de él. Se deben tomar ahora medidas para que el hombre pueda obtener un conocimiento del Hombre, un autoconocimiento, y así un conocimiento de cómo está situado en el Universo.

Las tres dimensiones se han vuelto realmente tan abstractas para el hombre que le resultaría extremadamente difícil entrenarse para sentir que al vivir en ellas está participando en ciertos movimientos de la Tierra y del sistema planetario. Sin embargo, un método de pensamiento espiritual-científico puede aplicarse a nuestro conocimiento del Hombre. Por lo tanto, comencemos buscando un entendimiento correcto de las tres dimensiones. Es difícil de lograr; pero nos elevaríamos más fácilmente a este conocimiento espacial del Hombre si consideramos, no las tres líneas de espacio que se intersecan en ángulos rectos, sino tres planos nivelados. Considera por un momento lo siguiente. Percibiremos fácilmente que nuestra simetría tiene algo que ver con nuestro pensamiento. Si observamos, descubriremos un gesto natural elemental que hacemos si deseamos expresar un pensamiento decisivo en mímica. Cuando colocamos el dedo en la nariz y movemos a través de este plano aquí (se hace un dibujo), estamos moviéndonos a través del plano de simetría vertical que nos divide en un Hombre izquierdo y un Hombre derecho. Este plano, que pasa por la nariz y por todo el cuerpo, es el plano de simetría, y es aquel del cual uno puede volverse consciente como teniendo que ver con todo el discernimiento que ocurre dentro de nosotros, todo el pensamiento y juicio que discrimina y divide. Partiendo de este gesto elemental, es realmente posible volverse consciente de cómo, en todas nuestras funciones como Hombre, tenemos que ver con este plano.

Considera la función de ver. Vemos con dos ojos, de tal manera que las líneas de visión se intersectan. Vemos un punto con dos ojos; pero lo vemos como un punto porque las líneas de visión se cruzan, se cortan como se muestra en el dibujo. Nuestra actividad humana está regulada desde muchos aspectos de manera que solo podemos entender su regulación haciendo referencia a este plano.

Entonces podemos dirigirnos a otro plano que pasaría a través del corazón y dividiría al hombre de atrás hacia adelante. Por delante, el hombre está organizado fisiognómicamente, detrás es una expresión de su ser orgánico. Esta estructura fisiognómico-psíquica está dividida por un plano que se encuentra en ángulos rectos con respecto al primero. Así como nuestro hombre derecho e izquierdo están divididos por un plano, también lo están nuestro hombre de adelante y de atrás. Solo necesitamos extender nuestros brazos, nuestras manos, dirigiendo la parte fisiognómica de la mano (en contraste con la parte meramente orgánica) hacia adelante y la parte orgánica de las manos hacia atrás, y luego imaginar un plano a través de las líneas principales que así se forman, y obtenemos el plano al que me refiero.

De manera similar, podemos colocar un tercer plano que marcaría todo lo contenido en la cabeza y el rostro de lo organizado abajo en cuerpo y miembros. Así obtendríamos un tercer plano que nuevamente está en ángulos rectos con los otros dos.

Se puede adquirir un sentimiento por estos tres planos. Cómo se obtiene el sentimiento por el primero ya se ha mostrado; debe sentirse como el plano de Pensamiento discriminativo. El segundo plano, que divide al hombre en adelante y atrás (anterior y posterior), sería precisamente aquel por el cual se muestra que el hombre es Hombre, porque este plano no puede ser delineado de la misma manera en el animal. El plano de simetría se puede dibujar en el animal pero no el plano vertical. Este segundo (plano vertical) estaría conectado con todo lo que concierne a la Voluntad humana. El tercero, el horizontal, estaría conectado con todo lo que concierne al Sentimiento humano. Intentemos una vez más obtener una idea elemental de estas cosas y veremos que podemos llegar a algo mediante esta línea de pensamiento.

Todo en lo que el hombre expresa su sentimiento, ya sea un sentimiento de saludo o de agradecimiento o cualquier otra forma de sentimiento de simpatía, está de alguna manera conectado con el plano horizontal. Así también podemos ver que en cierto sentido la voluntad debe ser traída en conexión con el plano vertical mencionado. Es posible adquirir un sentimiento por estos tres planos. Si un hombre ha hecho esto, estará obligado a formar su concepción del Universo en el sentido de estos tres planos — tal como lo haría, si solo considerara las tres dimensiones del espacio de una manera abstracta, estar obligado a calcular de la manera mecánico-matemática en la que Galileo o Copérnico calculaban los movimientos y regulaciones en el Universo. Relaciones concretas ahora aparecerán para él en este Universo. Ya no calculará simplemente según las tres dimensiones del espacio; pero cuando haya aprendido a sentir estos tres planos, notará que hay una diferencia entre derecha e izquierda, arriba y abajo, atrás y adelante. En matemáticas es indiferente si algún objeto está un poco más a la derecha o a la izquierda, o adelante o atrás. Si simplemente medimos, medimos abajo o arriba, medimos a la derecha o a la izquierda o medimos adelante o atrás. En cualquier posición que se coloque tres metros, permanece tres metros. A lo sumo distinguimos, para pasar de la posición al movimiento, las dimensiones en ángulos rectos entre sí. Sin embargo, hacemos esto solo porque no podemos permanecer en una simple medición, porque entonces nuestro mundo se reduciría a nada más que una línea recta. Si, sin embargo, aprendemos a describir el Pensamiento, el Sentimiento y la Voluntad de manera concreta en estos tres planos, y a situarnos así en el espacio como seres psíquico-espirituales, con nuestro Pensamiento, Sentimiento y Voluntad — entonces, así como aprendemos a aplicar a la Astronomía las tres dimensiones del espacio que se encuentran en el hombre, también aprendemos a aplicar a la Astronomía la división trina del hombre como ser de alma y espíritu. Y se vuelve posible si aquí (dibujo) tenemos a Saturno, Júpiter, Marte, Sol, Venus, Mercurio y finalmente la Tierra, entonces se vuelve posible, si miramos al Sol, observarlo en su manifestación externa como algo separador, como un elemento divisor. Debemos pensar en un plano que pase a través del Sol, y ya no consideraremos lo que está arriba y lo que está abajo como meramente dimensional, sino que debemos considerar el plano como un plano divisor y distinguir los planetas como estando arriba o abajo. Entonces ya no diremos: Marte está a tantos kilómetros de distancia del Sol, Venus a tantos kilómetros; pero aprenderemos a aplicar el conocimiento del Hombre al conocimiento del Universo, y diremos: No es solo cuestión de dimensiones cuando digo que la cabeza humana en relación con la nariz está a tal o cual distancia del plano horizontal que he llamado el plano del Sentimiento, y el corazón a tal o cual distancia; sino que traeremos su posición y distancia arriba y abajo en conexión con su formación y estructura. De la misma manera, ya no diremos de Marte y Mercurio que uno está a tal distancia y el otro a otra distancia del Sol, pero sabremos que si considero al Sol como un plano divisor, Marte estando arriba debe ser de una naturaleza y Mercurio estando abajo de otra.

Ahora podré colocar un plano similar perpendicularmente a través del Sol. Así los movimientos de Júpiter, digamos, o de Marte, serán tales que en un momento estará a la derecha de este plano y luego lo cruzará y se encontrará a la izquierda. Si simplemente procedo abstractamente, según las dimensiones, encontraré que a veces está a la derecha y a veces a la izquierda, y a tantos kilómetros. Pero si estudio el espacio cósmico de manera concreta, como debo [estudiar] mi propio ser como hombre, no es una cuestión de indiferencia si un planeta está a veces a la izquierda y a veces a la derecha, sino que digo que hay el mismo tipo de diferencia si está a la derecha o a la izquierda que entre un órgano derecho e izquierdo. No es suficiente decir que el hígado está tantos centímetros a la derecha del eje simétrico, el estómago tantos centímetros a la izquierda, porque los dos son diferentes en formación porque uno es un órgano derecho y el otro izquierdo. Aquí es así, que Júpiter, según esté a la derecha o a la izquierda, para el ojo parece diferente.

De la misma manera, podría hacer un tercer plano, y debo nuevamente formar un juicio de acuerdo con eso. Y si extiendo mi conocimiento del Hombre al Universo, estaré obligado, así como conecté el primer plano con el Pensamiento humano, y el segundo plano con el Sentimiento humano, a considerar el tercer plano como conectado con la Voluntad humana.

Con todo esto quería mostrar solo cómo la cosmogonía moderna tiene no más que un último remanente de abstracción externa cuando habla de los tres planos perpendiculares entre sí, a los cuales las posiciones y movimientos de las estrellas están completamente indiferentemente relacionados, y luego según estas posiciones el Universo entero calculado como una máquina. En la concepción astronómica de Galileo, solo se tiene en cuenta para el Universo — el espacio abstracto, con sus relaciones de puntos. Sin embargo, este conocimiento puede ampliarse para convertirse en un conocimiento activo y poderoso del Hombre. Se puede decir: El Hombre es un ser pensante, sintiente y volitivo. Como un ser externo, está conectado por el Pensamiento con un plano, con otro en ángulos rectos con él por la Voluntad, y con un tercero en ángulos rectos con ambos por el Sentimiento. Esto también debe aplicarse en el mundo externo. Desde mediados del siglo XV, el hombre realmente no ha sabido más que que se extiende en tres direcciones; todo lo demás es solo material recopilado para la observación. Un verdadero conocimiento del Hombre debe ser recuperado, e indirectamente un conocimiento del Cosmos por el mismo método. Entonces el hombre entenderá cómo la Necesidad y la Libre Voluntad están relacionadas, y cómo ambas pueden aplicarse al Hombre, ya que nace del Cosmos. Naturalmente, si uno solo toma este último remanente del ser humano — las tres dimensiones en ángulos rectos entre sí — si eso es todo lo que uno quiere imaginar, entonces el Universo parece terriblemente pobre. Pobre, infinitamente pobre es nuestra actual visión astronómica del Universo; y no se enriquecerá hasta que avancemos hacia un conocimiento real del Hombre, hasta que realmente aprendamos a mirar dentro del Hombre.

La concepción antroposófica del universo conduce directamente a un conocimiento espiritual real del asunto. ¿No parecen cosas como el Pensamiento, el Sentimiento y la Voluntad abstracciones terriblemente desnudas al conocimiento humano? El Hombre no se investiga lo suficientemente a fondo a sí mismo. No se pregunta qué son estas cosas para él a las que aplica las palabras. Mucho se ha convertido en simple frase. Realmente uno debería preguntarse conscientemente, al usar la palabra Pensamiento, si presenta alguna idea clara — por no hablar de Sentimiento y Voluntad. Pero nuestro discurso se vuelve claro y directo, directamente cuando pasamos de simplemente hacer frases, el usar palabras elevadas, y volvemos a las imágenes; incluso cuando tomamos solo esa imagen para el Pensamiento — ¡poner el dedo al lado de la nariz! No necesitamos hacerlo siempre, pero sabemos que este gesto se hace a menudo naturalmente cuando tenemos que pensar mucho, ¡así como señalamos con el dedo al mentón cuando queremos indicar que estamos prestando atención! Entramos en este plano precisamente porque deseamos juzgar allí sobre algo con lo que estamos relacionados. Dividimos nuestro organismo como si fuera en derecha e izquierda; porque realmente actuamos de manera bastante diferente con nuestros órganos sensoriales derechos e izquierdos. Esto lo podemos apreciar si observamos que con el órgano sensorial izquierdo asumimos, por así decirlo, el manejo de objetos externos; y en nuestro pensamiento también hay una especie de manejo o sensación de objetos externos. Con el órgano sensorial derecho asumimos, por así decirlo, 'sentir nuestro sentimiento' de ellos. Es entonces cuando se vuelven nuestros. Nunca podríamos haber alcanzado el concepto de ego si no pudiéramos percibir, junto con lo que experimentamos a la derecha, también lo que experimentamos a la izquierda. Simplemente colocando las manos una sobre la otra tenemos una imagen del concepto de ego. Es ciertamente verdad que al comenzar a usar imágenes claras en lugar de vivir meramente en frases, el hombre se volverá interiormente más rico y ganará la facultad de visualizar el Universo con mayor detalle.

Al emprender este camino, encontraremos que el Universo vuelve a cobrar vida para nosotros, y que nosotros mismos como seres humanos compartimos su vida. Entonces aprenderemos nuevamente cómo construir un puente entre Universo y Hombre. Cuando se haga esto, el hombre podrá percibir si en el Universo hay un impulso de Necesidad Natural para todo lo que hay en el Hombre, o si el Universo nos deja en cierto sentido libres; si nos determina completamente, o nos deja en cierto sentido libres. Mientras vivamos en abstracciones, no podemos construir un puente entre la Ley Moral y la Ley Natural. Debemos ser capaces de preguntarnos hasta dónde se extiende la Ley Natural en el Universo, y dónde entra algo que no podemos incluir bajo el aspecto de la Ley Natural. Luego llegamos a una relación que tiene su significado también para el Hombre, una relación entre lo que entra bajo la Ley Natural y lo que es Libre y Moral. De esta manera aprendemos a conectar un significado con la afirmación: "Marte es un planeta lejos del Sol, Venus un planeta más cerca del Sol." Simplemente al declarar sus distancias en números abstractos no hemos dicho nada o al menos muy poco, porque definir de esta manera según los métodos de la Astronomía moderna, es equivalente a decir: Miro la línea que pasa por los dos brazos y manos del hombre, y hablo de un órgano que está a 2,5 decímetros de esta línea. — Ahora este órgano puede estar tan lejos abajo de la línea, y otro órgano tan lejos arriba; sin embargo, no es la distancia lo que hace la diferencia, sino el hecho de que un órgano esté arriba y el otro abajo. Si no hubiera diferencia entre arriba y abajo, ¡no habría diferencia entre la nariz o los ojos y el estómago! Los ojos son solo ojos porque están arriba, y el estómago es solo un estómago porque está abajo, de esta línea. La naturaleza interna del órgano está condicionada por la posición.

De manera similar, la naturaleza interna de Marte está calificada por su posición fuera de la órbita del Sol, y la de Venus por su posición dentro de la órbita del Sol. Si uno no entiende la diferencia esencial entre un órgano en la cabeza humana y un órgano en el tronco humano — uno que está encima y el otro debajo de esta línea — entonces uno no puede saber que Marte y Venus, o Marte y Mercurio son esencialmente diferentes. La capacidad de pensar en el Universo como un organismo depende de nuestro aprender a entender el jeroglífico del organismo que tenemos ante nosotros. Debemos aprender a percibir al Hombre como un jeroglífico del Universo, porque nos da la oportunidad de ver de cerca cuán diferentes son arriba y abajo, izquierda y derecha, adelante y atrás. Debemos aprender esto primero en el Hombre, y luego lo encontraremos en el Universo.

Porque la visión moderna del Universo sostenida por la Ciencia Natural realmente da una cosmogonía omitiendo al Hombre — reconociéndolo solo como el más alto de los animales, es decir, una abstracción — porque el Hombre no está en ella en absoluto, por lo tanto, para esta concepción el Universo aparece solo como una imagen matemática, en la que el origen universal de la Libertad y la Moralidad nunca pueden ser reconocidos. Sin embargo, es de suma importancia que aprendamos a percibir científicamente la conexión entre la Ley Moral y la Necesidad Natural. Hoy he tratado de mostrarte, en conceptos tal vez algo sutiles, cómo se puede obtener un conocimiento del Universo a partir de un conocimiento del Hombre.

A los médicos pude mostrarles de manera estrictamente científica cómo debe buscarse este camino en Medicina, Fisiología y Biología. En estas conferencias será nuestra tarea percibir cómo debe buscarse si queremos formar correctamente nuestra comprensión general del mundo; y la vida social en la que nos encontramos en estos tiempos tiene una gran necesidad de tal comprensión.

Conferencia Dos: La Dinámica del Espacio y el Ser Humano

Continuemos nuestros estudios de ayer. En ese momento, llamé su atención al hecho de que en el período actual del pensamiento humano comprimimos todo el mundo dentro de líneas abstractas de espacio, que están de pie perpendicularmente entre sí y forman las tres dimensiones del espacio, mientras que en su aspecto vital, este mundo tridimensional resulta ser mucho más complicado y mucho más concreto. Para obtener una concepción adecuada de todo lo que esto significa, debemos comprenderlo con aún mayor definición.

Debemos plantearnos la pregunta: Si es verdad que nuestro Pensamiento debe asociarse con el plano vertical que atraviesa nuestro eje de simetría, nuestra Voluntad con el plano vertical que está perpendicular al plano del pensamiento, mientras que el plano del Sentimiento descansa en ángulos rectos respecto a ambos, ¿cómo es que no experimentamos arriba y abajo, derecha e izquierda, adelante y atrás, como tres direcciones distintas en calidad una de la otra y no intercambiables? ¿Cómo es que simplemente las sentimos como tres dimensiones espaciales de igual valor? Ciertamente hablamos de longitud, anchura y altura, pero si formamos nuestros tres planos de esta manera, cada uno descansando verticalmente sobre el otro, podríamos colocar la línea que era horizontal en la primera instancia en posición vertical, y los otros dos entonces se volverían horizontales. En resumen, podríamos hacer tres disposiciones diferentes. Esto solo muestra que la exactitud con la que estas tres dimensiones están construidas en el cuerpo humano, cuando este está siendo utilizado por el hombre para describir y explicar todo el Universo con el Sol y las estrellas, se vuelve bastante abstracta.

La pregunta es importante: ¿Cómo logramos obtener dimensiones espaciales abstractas a partir de unas concretas? ¡Un animal no podría hacer esto! Un animal siempre sentiría su plano de simetría como un plano de 'simetría' concreto, y no relacionaría este plano de simetría con ninguna dirección abstracta, sino que a lo sumo, si pudiera pensar en el sentido humano, sentiría el giro (de un plano a otro). De hecho, el animal siente este giro como una desviación de su plano de simetría de lo normal. Aquí radican problemas importantes y esenciales de Zoología, que una vez más serán ilustrados tan pronto como el hombre los estudie desde el punto de vista de sus impulsos en la realidad.

La razón por la cual los animales pueden encontrar dirección, como se muestra de manera más clara en el caso de la migración de las aves, es porque no sienten las tres direcciones del espacio de manera nebulosa, sino que se sienten a sí mismos como parte de una dirección espacial muy definida, y sienten cada desviación de esta dirección como un ángulo, como una desviación.

Ahora, si deseamos entender cómo se aplica todo esto al hombre, debemos recurrir a lo que ya hemos aprendido sobre la organización del cuerpo humano. Hemos escuchado que el hombre es un ser triforme, compuesto en primer lugar por la organización característica de la cabeza, que no incluye solo la cabeza sino que principalmente funciona allí, y se extiende por todo el resto del cuerpo. Luego está lo que designaré como el 'Hombre de la Circulación': todo lo que pertenece al pulmón y al corazón, y representa el Ritmo en el hombre. Y por último está el 'Hombre de los Miembros', que también continúa hacia adentro y constituye esa parte del hombre que está conectada con el metabolismo o la transmutación de sustancias.

Ahora nos corresponde estudiar más de cerca a este hombre triforme. Pensaremos primero en él como Hombre de la Cabeza, Hombre Rítmico y Hombre de los Miembros. De estos tres, solo el tercero, con su continuación hacia adentro, está fuertemente conectado con las fuerzas —no con las sustancias, sino con las fuerzas— de nuestro planeta terrestre.

Esto no se aplica al Hombre de la Cabeza, pues ¿qué es él? (Ahora no estamos considerando nada sustancial sino las fuerzas, las fuerzas formativas que lo condicionan). El Hombre de la Cabeza es la metamorfosis del Hombre de los Miembros de la encarnación anterior. Las fuerzas que formaron al Hombre de los Miembros en la última encarnación, durante el período entre la última muerte y el último nacimiento —ese nacimiento que nos trajo a nuestra existencia actual— estuvieron en un mundo que hemos descrito a menudo. Allí fueron metamorfoseadas para que pudieran formar ahora la cabeza. Así, el Hombre de la Cabeza y el Hombre de los Miembros son polos opuestos completos, y el hombre Rítmico central es el ajuste entre los dos, equilibrándolos o reconciliándolos por medio del Ritmo.

Esta antítesis entre el Hombre de la Cabeza y el Hombre de los Miembros debe ser examinada aún más. Quizás podremos acercarnos más fácilmente a los asuntos que es necesario entender en este dominio si examinamos el siguiente ejemplo tomado de otra esfera.

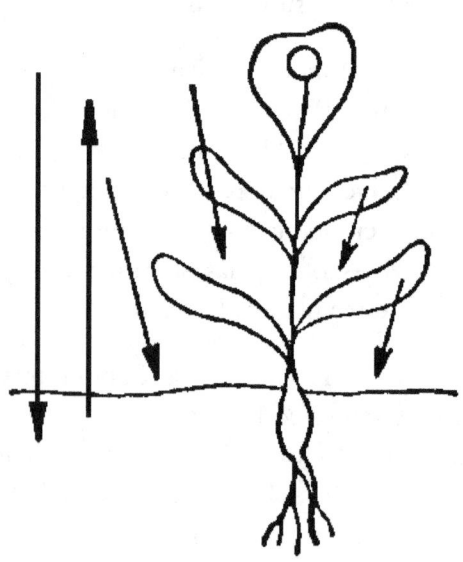

Considera la planta, no, por el momento, una planta perenne, sino una anual que se desarrolla desde la semilla hasta la raíz y el tallo, y durante el año forma su fruto y semilla. Tal planta crece a partir de la semilla que ha sido plantada en la tierra; de la semilla emergen las raíces, luego las hojas y las flores, en estas últimas, durante la etapa de fructificación, se desarrolla la nueva semilla. Este es el ciclo evolutivo de la planta.

La planta procede de la formación de semillas en la Tierra, crece hasta alcanzar la superficie, cuando recibe los efectos de la luz —del Sol— y los efectos del calor. Bajo estas influencias, crece aún más y completa su ciclo al regresar nuevamente a la etapa de formación de semillas. Pero ahora, cuando vuelve al período de sembrado en otoño, tenemos la planta no debajo en el suelo sino sobre la Tierra; y aquí ha estado durante todo el verano, dependiendo de influencias extraterrestres. Estas influencias ayudaron a promover su crecimiento hasta el punto de la formación de nueva semilla; por lo tanto, ha crecido hasta el punto de una nueva formación de semillas no bajo las influencias de la Tierra, sino mientras era atraído lejos de estas por fuerzas extraterrestres. Se ha convertido una vez más en lo que era antes y aun así algo diferente. ¿En qué sentido diferente? La completitud de la nueva semilla termina el proceso de crecimiento. El desarrollo termina aquí, y el ciclo no puede completarse a menos que tomemos la semilla de su propio plano o región y la devolvamos una vez más a la Tierra. Es decir, si seguimos esa semilla hasta la esfera en la que está más allá del elemento terrenal, entonces debemos volver a traerla, bajo la Tierra. Luego, una vez más crece hacia el Cielo, y luego nuevamente debemos traerla de vuelta a la Tierra.

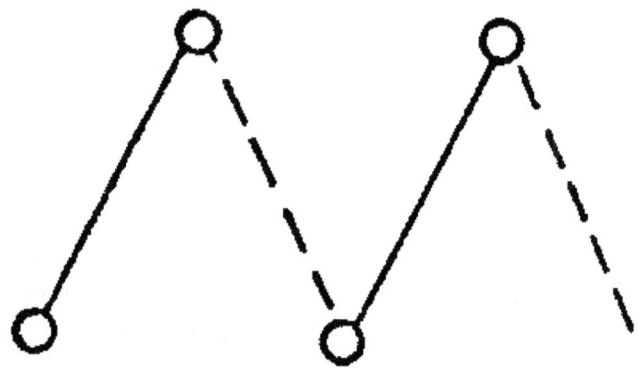

Es decir, el crecimiento adicional depende de volver a llevar la semilla a un nivel más profundo; debemos devolver a la Tierra lo que ha sido generado por las fuerzas del Cielo. Por lo tanto, no es suficiente considerar el ciclo simplemente de semilla a semilla. Nos preocupa el hecho de que la planta, en cierto sentido, se desborda a sí misma, y cuando ha superado cierta etapa, debemos devolverla nuevamente a su lugar original, donde es una vez más recibida por las mismas fuerzas y el ciclo comienza de nuevo.

Ahora podemos representar el proceso en un diagrama. Si tenemos aquí el nivel de la Tierra, entonces el ciclo de evolución para la planta debe dibujarse así. Pero la planta debe volver nuevamente a la Tierra, y así si dibujamos varios procesos anuales, debemos avanzar un poco más cada vez. Allí tienes la diferencia de nivel. Debemos una y otra vez devolver la planta a otro nivel.

He dado esto como una ilustración, y antes de pasar, algo más debe ser considerado en relación con ello. Observa la manera en que la planta de frijol surge de la semilla y comprenderás lo que quiero decir. Lo comprenderás aún mejor si observas una planta con un tallo enredador, una que está naturalmente inclinada a no crecer en línea recta si ciertas fuerzas pueden actuar libremente. La correhuela es un ejemplo de tal planta.

Ahora pasemos a considerar esta imagen en relación con el hombre. Si en lugar de pensar en el ciclo anual de la planta, dirigimos nuestra atención a ese ciclo que lleva al hombre de una vida terrenal a través del mundo espiritual, a la próxima vida terrenal, tenemos algo bastante notablemente similar. Piensa en tu organismo de miembros en la encarnación anterior, y tu cabeza en esta encarnación. La cabeza se forma a través de una metamorfosis, y solo es el cambio visible lo que se interrumpe por todo lo que sucede entre la muerte y un nuevo nacimiento. La cabeza se forma de la misma manera que la nueva semilla en la planta se forma a partir de la antigua. Pero toda la vida intermedia de la planta yace entre medio. Así que podemos decir: Desde el punto de vista de la organización de su forma, es como si en el hombre la raíz existiera en la encarnación anterior, y de esta raíz ha crecido la cabeza de la encarnación presente. La cabeza, por lo tanto, representa algo análogo a la semilla. Pero en el hombre todo esto tiene lugar, se podría decir, en un nivel más alto, en una región más alta, y además, es más complicado.

Y ahora, para completar esta concepción, piensa en toda la metamorfosis de la planta. Si observas la correhuela, verás por la forma espiral o en forma de tornillo del tallo, que las fuerzas que actúan desde afuera no son tales como para hacerla crecer simplemente en línea recta, sino que la inducen a crecer en forma espiral. La planta tiene una tendencia a la formación espiral. Solo cuando se desarrolla la nueva semilla, esta resiste esta tendencia; está completamente concentrada en este pequeño grano. La semilla luego se retira de la influencia del Universo. En el caso del hombre, el hombre de miembros está más bajo la influencia de la Tierra. (En el hombre rítmico el caso es diferente y hablaremos de esto más tarde). Pero la cabeza es algo que se retira de las fuerzas de la Tierra y no participa en ellas, así como la semilla no participa en las influencias extramundanas. Solo porque la cabeza se retira de las fuerzas de la Tierra, los hombres podemos pensar en pensamientos abstractos. Si fuera imposible para nuestra cabeza separarse completamente de las influencias terrenales, no podríamos pensar en abstracto.

Este hecho está expresado de hecho en la forma del hombre. Piensa por un momento que tu cabeza en realidad representa al hombre de miembros transformado. Sin embargo, este último camina sobre la superficie de la Tierra, no así la cabeza. La cabeza se puede comparar con un hombre que está cómodamente sentado en un automóvil o en un tren; no se mueve y, sin embargo, avanza. La cabeza está en esta posición con respecto al resto del organismo; este último avanza hacia adelante, y la cabeza descansa como en un vehículo, no participando en ninguno de los movimientos, sino retirándose de manera muy evidente de las fuerzas de la Tierra. La cabeza es como el hombre que se deja llevar por otras personas.

Tal es la organización de la cabeza del hombre. Se retira de las influencias de la Tierra, y por lo tanto podemos decir: La cabeza del hombre se muestra —al menos en esta comparación— similar a la semilla que se retira de las influencias celestiales de la formación de la planta. Pero con el hombre no es lo mismo que con la planta. Esta última crece desde la Tierra hacia arriba —hacia las influencias celestiales. El hombre crece hacia abajo. Cuando llega a la concepción o al nacimiento, es en primer lugar una estructura de cabeza; la embriología externa ofrece una prueba absoluta de esto. Trae consigo su cabeza como un producto transformado de la última encarnación. Durante esta vida terrenal —a través de las fuerzas de ella— el hombre de miembros se desarrolla especialmente. Crece hacia la cabeza. Es menos evolucionado que la cabeza y está completamente bajo la influencia de las fuerzas terrenales. La cabeza, por otro lado, está completamente retirada de las fuerzas terrenales. Por lo tanto, podemos decir: Cuando observamos las plantas, podemos rastrear, en la construcción espiral o en forma de tornillo, de dónde provienen las fuerzas que le dan a la planta su forma espiral; provienen de cuerpos extraterrestres. Pero cuando consideramos al hombre y vemos cómo crece hacia la Tierra, debemos preguntarnos: ¿Qué ha dado al hombre esta potencialidad de crecer en oposición a las leyes que rigen el crecimiento de la planta que crece hacia arriba? Porque el hombre crece hacia abajo y gradualmente sucumbe a la influencia terrenal. ¿Cómo se explica todo esto? Esta es una pregunta muy importante, de hecho, esencial, que concierne no solo a la Morfología, el estudio de la forma humana, sino al ser humano en su totalidad. Ves, si estuviéramos obligados a vivir nuestra vida anímica sin cabeza, sería completamente diferente; ¡seríamos incapaces de cualquier concepción abstracta! Sobre todo, no podríamos concebir el espacio tridimensional como abstracto, sino que diferenciaríamos estrictamente entre adelante y atrás, derecha e izquierda, arriba y abajo. Todas estas direcciones serían para nosotros completamente distintas en carácter. De hecho, esto es lo que hace nuestro organismo. Tan pronto como hayas avanzado, a través de los métodos de la Ciencia Espiritual, a la concepción imaginativa del Universo, esta cómoda tridimensionalidad cesa. Ahora debes discriminar, porque has realizado algo bastante notable: has eliminado el organismo ordinario de la cabeza y has vuelto al organismo etérico del hombre.

Ahora, la organización etérica es esencialmente diferente de la organización física de la cabeza. Solo a través de la cabeza completamente organizada, llevada a esta encarnación desde la anterior, se han vuelto posibles las abstracciones. Todo pensamiento abstracto, todo pensamiento en el plano del pensamiento puro, está ligado a este organismo de la cabeza, que alcanzamos solo al salir del mundo espiritual y entrar en este mundo físico, para independizar de la organización terrenal lo que antes dependía de ella.

Esto te mostrará que el Hombre, al igual que la planta, está incrustado en las influencias terrenales, pero con esta diferencia, que el hombre se hace independiente de ellas a través de su organismo de cabeza. Si el resto de nuestro organismo pensara sin la instrumentalidad de la cabeza —como de hecho puede hacerlo—, el hombre inmediatamente se sentiría uno con todo el organismo del Universo.

Si fuera posible inventar un coche cama muy cómodo —en la actualidad quizás poco probable— pero un coche desde el cual no miraras afuera y del cual se eliminara todo ruido y vibración, podrías caer en la ilusión de que estás en una habitación quieta y silenciosa, porque no percibirías nada de su movimiento. Pero al mirar por la ventana, verías que está avanzando, aunque estés sentado tranquilamente en el coche. De manera similar, tan pronto como también te liberas de la ilusión que produce en ti tu organismo de cabeza durante el proceso de hacerse independiente de la organización terrenal, observas que estás participando en el movimiento de la Tierra. Es decir, es posible, a través de la transición de lo que, en mi libro Conocimiento de los Mundos Superiores he llamado el modo actual de formar ideas al que he llamado Imaginación —es posible sentir los movimientos de la Tierra, porque entonces estás 'mirando por la ventana'. Miras al mundo espiritual. De la misma manera que miras por la ventana de un tren y notas el paisaje afuera cambiando continuamente, así también, cuando miras fuera del mundo de los sentidos físicos al mundo espiritual, percibes en las alteraciones en este último, mientras pasas, que tú con la Tierra no están en reposo, sino avanzando. Por lo tanto, no podemos llegar a una verdadera concepción del espacio astronómico si insistimos en construirlo solo con esa parte de nuestro organismo que se ha vuelto independiente!

Considera por un momento lo que nosotros, como humanidad civilizada, hemos hecho desde el comienzo de esta quinta época post-atlante. Hemos pensado sobre el Universo con nuestra cabeza. Y es la cabeza —esa parte de nosotros que se ha vuelto completamente independiente de la Tierra— la que ha reducido los movimientos mundiales a la abstracción de las tres dimensiones. Tenemos la concepción copernicana del Universo, diseñada para nosotros por el instrumento menos apropiado, la cabeza, cuya característica esencial es su emancipación de la cooperación en los movimientos mundiales. Sería algo así como si quisieras obtener una idea, digamos, del movimiento de un tren en el que viajas, a partir de un dibujo que haces con tu mano, sin referencia al movimiento del tren, sino únicamente según tus propias ideas. Dibujas algo; te vuelves independiente. Pero no puedes considerar dicho dibujo como que representa el movimiento del tren; ¡no tiene nada que ver con eso! Y así como poco tiene que ver con el proceso mundial una imagen de él que hemos diseñado según la astronomía espacial externa, utilizando para ello el instrumento más inadecuado para su concepción.

Ahora observa a qué conclusión nos lleva una concepción realmente veraz y adecuada de las cosas. Nos vemos obligados a admitir que nuestra imagen astronómica espacial del mundo se ha construido con los medios más inadecuados. ¡No es de extrañar que contradiga los resultados que se obtienen cuando se usa el instrumento adecuado! Por supuesto, para ciertos propósitos, esta concepción está bien adaptada, porque desde mediados del siglo XV, cuando comenzó el período quinto post-atlante, hemos tenido gradualmente que aprender a formar pensamientos independientemente del Universo. Escucharemos en la próxima conferencia cómo ocurrió eso. Pero hemos perdido así la capacidad de realmente saber algo de los movimientos en los que nos hemos entrenado para sentir concretamente las dimensiones de espacio que, de otro modo, serían abstractas. Volveremos a estos temas una y otra vez; porque no podemos llegar a una imagen completa de ninguna otra manera que no sea construyendo nuestras ideas, por así decirlo, en ciclos.

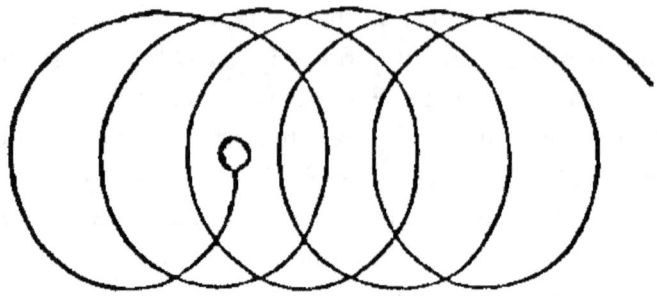

Después de las sugerencias de ayer, el Dr. Steiner se ha tomado la molestia de construir un modelo que muestra los movimientos que resultan cuando seguimos al Hombre junto con la Tierra, o en otras palabras, el movimiento de la Tierra tomado en su sentido absoluto. Si en lugar de seguir esta vez el movimiento de las fuerzas de las plantas en espirales, sigo los movimientos descritos por el Hombre con la Tierra, nuevamente me encuentro con una espiral, pero una que es progresiva. Esta espiral nos proporciona una ilustración del movimiento real de la Tierra, y al mismo tiempo una imagen de la del Sol. Supongamos por un momento que la Tierra está aquí y el Sol allí. Un observador ve el Sol en esta dirección (diagrama). La Tierra avanza, pero exactamente en línea detrás del Sol. Cuando la Tierra está aquí, el observador ahora ve el Sol en otra dirección. El Sol avanza aún más, la Tierra sigue, y una vez más el observador ve el Sol en la otra dirección. Es decir, ve el Sol en un momento a la derecha, y otro momento a la izquierda, debido a la forma en que la Tierra sigue al Sol.

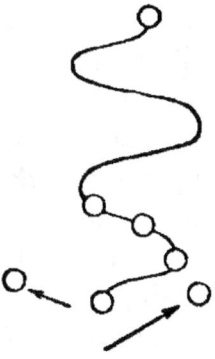

Esto ha sido interpretado como demostración de que el Sol permanece inmóvil y la Tierra gira a su alrededor. En realidad, no es así; la Tierra se mueve detrás del Sol. El observador ve el Sol a la derecha cuando este ha llegado a un punto del camino en espiral, mientras que la Tierra está aquí. Luego ve el Sol a la izquierda, luego nuevamente a la derecha, luego a la izquierda, y así sucesivamente. Todo esto le da al observador, que juzga por las apariencias exteriores y pierde de vista su propio movimiento, la impresión de que la Tierra gira alrededor del Sol.

A partir de esto, comprenderán cuán grande es la posibilidad de engaño que surge cuando se juzga por las apariencias exteriores; pues aquí, de hecho, existe una relatividad del movimiento. Realmente podemos afirmar que aquellos que calculan el movimiento aparente del Sol no perciben su propio movimiento, y omiten tener en cuenta la relación entre el Sol y la Tierra. Me gustaría que intentaran formar una idea verdadera de lo que he dicho acerca del curso o movimiento en una línea en forma de tornillo, porque uno debe visualizar, en un modelo como este, el hecho de que la Tierra sigue el rastro del Sol; y luego podremos avanzar hacia lo que me gustaría que alcanzáramos mañana, es decir, una comprensión verdadera de los hechos que tenemos ante nosotros. Hoy he dado sugerencias intencionalmente, y he dejado muchas preguntas abiertas a propósito, pero serán respondidas mañana o en una de las conferencias posteriores. Quería mostrarles de una manera muy simple las experiencias de alguien que mira a través de las ventanas del mundo físico y observa el mundo espiritual afuera mientras pasa rápidamente. De esta manera, puede formarse una idea del movimiento real de la Tierra y también del Sol.

Pero primero les mostraré cómo obtener una concepción de la verdadera relación de la Tierra con el Sol, que la Tierra realmente sigue al Sol en su camino, buscando la única cosa que nos mostrará esta relación, es decir, ciertos procesos en el organismo humano relacionados con el representante del Sol en el hombre: el corazón humano. Porque es partiendo del conocimiento del Hombre que debemos buscar alcanzar un conocimiento del Universo.

Conferencia Tres: La Interrelación del Hombre y el Cosmos

En estos estudios, quería llamar su atención sobre ciertas cosas que pueden llevarnos de vuelta a un estudio más concreto del Universo que el contenido en la cosmogonía de Copérnico. No debemos olvidar que la cosmogonía de Copérnico surgió durante la época posterior a mediados del siglo XV, cuando había una tendencia creciente hacia una concepción abstracta del Universo. Surgió de hecho en un momento en el que la tendencia a hacer todo abstracto estaba en su apogeo. También debemos recordar que es esencial ahora que nos liberemos de esta tendencia y traigamos a nuestro pensamiento sobre el Universo conceptos que contengan algo más que meras ideas abstractas. No se trata simplemente de construir una cosmogonía similar a la de Copérnico, pero en líneas ligeramente diferentes. Esto me quedó claro con las preguntas surgidas de la última conferencia. Porque el punto de estas preguntas giraba en torno a la posibilidad de poder trazar líneas que nos dieran una imagen del mundo de una vez más, una imagen en abstracciones externas. Eso, por supuesto, no es lo que se quiere. Lo que debemos hacer es comprender en su naturaleza espiritual todo lo que no es el hombre, para construir un puente desde lo espiritual en el hombre hacia lo espiritual fuera de él. Deben entender que aquí, en este momento particular al menos, no puede ser nuestra tarea discutir una astronomía matemática. Eso requeriría comenzar desde los rudimentos más básicos; pues los conceptos fundamentales empleados hoy tienen su origen en todo el modo materialista de pensar utilizado desde mediados del siglo XV. Si quisiéramos desarrollar y completar la cosmogonía que hemos esbozado, sería necesario comenzar con los principios más elementales y elaborarlos de nuevo. El destino que le sobrevino al copernicanismo se produjo, como veremos, debido a la fuerte tendencia a la abstracción, que puede conducir tan fácilmente a excesos intelectuales. El verdadero copernicanismo no es realmente lo mismo que lo que ha llegado a ser en manos de los seguidores de Copérnico. Se han seleccionado ciertas teorías del copernicanismo que estaban completamente en sintonía con las formas de pensar de los últimos siglos, y a partir de ellas ha surgido la cosmogonía que ahora se enseña en todas las escuelas.

No es mi deseo hacer nada en la dirección de una cosmogonía similar, donde, en lugar de la conocida elipse en la que se coloca al Sol como uno de los focos, y en la que la Tierra se mueve con un eje inclinado, simplemente ponemos una línea en forma de tornillo. Lo que quiero hacer es presentar la relación del Hombre con el Universo y es en esta dirección que ahora vamos a seguir profundizando.

He intentado mostrarles cómo, en el momento en que

uno comienza a pasar a una experiencia más intensiva de las tres direcciones del espacio en su propia forma, se da cuenta de cómo estas direcciones difieren en naturaleza y tipo entre sí; es solo la facultad de abstracción mental en la cabeza la que hace estas tres dimensiones abstractas y no distingue entre arriba y abajo, izquierda y derecha, delante y detrás, sino que simplemente las toma como tres líneas. Y se incurriría inmediatamente de nuevo en un error similar si uno se dispusiera a construir cualquier otra construcción en el espacio de una manera puramente abstracta. El punto en cuestión puede aclararse mejor si por un momento nos volvemos hacia otra cosa.

Consideremos los colores. Tomaremos nuevamente el color como ejemplo. Supongamos que tenemos una superficie azul y, digamos, una amarilla. La concepción del mundo que, en su pensamiento abstracto, dio origen a la cosmogonía de Copérnico, de hecho ha logrado decir: "Veo ante mí azul, veo ante mí amarillo. Eso se debe a que algún objeto me ha causado una impresión. Esta impresión me aparece como amarilla, como azul". El punto es que no deberíamos comenzar a teorizar de esta manera en absoluto, diciendo: "Ante mí está amarillo, ante mí está azul, y me causan cierta impresión". Eso es realmente como si trataras la palabra "CUADRO" de la siguiente manera. Supongamos que te dispones a hacer profundas investigaciones sobre la palabra y piensas: "'C', debe haber algo detrás de esto; detrás de 'C' debo buscar las vibraciones que lo causan.

Luego, de nuevo, detrás de la 'U' debe haber vibraciones, y detrás de la 'A' más vibraciones, y así sucesivamente". No tiene sentido. Encontramos sentido solo cuando unimos las siete letras, conectándolas una con otra en su propio plano, y leemos toda la palabra 'CUADRO'; cuando no especulamos sobre lo que hay detrás, sino que leemos la palabra - 'CUADRO'. Entonces, aquí también el punto es que deberíamos decir: "Esta primera superficie me hace penetrar, por así decirlo, detrás de ella, me hace sumergirme en ella. Esta otra superficie me hace apartarme de ella". Es a estos sentimientos en los que la impresión se convierte que debemos prestar atención; entonces llegamos a algo concreto. Si buscamos así en el mundo exterior lo que experimentamos internamente, llegamos de hecho al sentimiento de que no estamos realmente dentro de nosotros mismos en absoluto, sino que con nuestro verdadero Yo estamos en el Universo, vertidos en el Universo. En lugar de buscar detrás del Universo externo "vibraciones", los atomistas deberían buscar su propio Yo detrás de los fenómenos y luego tratar de averiguar cómo se coloca su propio Yo en el Universo exterior, como si estuviera derramado en él. Así como con el color deberíamos tratar de averiguar si sentimos que debemos sumergirnos en él o si nos sentimos repelidos por él, así, en lo que respecta a la estructura de nuestro organismo, deberíamos sentir cómo las tres direcciones, arriba y abajo, adelante y atrás, derecha e izquierda, difieren concretamente entre sí; deberíamos sentir cómo las experimentamos internamente de manera diferente, cuando nos proyectamos en el Universo. Cuando somos conscientes de nosotros mismos como Hombre parado en la Tierra, rodeados por los planetas y estrellas fijas, comenzamos a sentirnos parte de todos estos; no se trata simplemente de dibujar tres dimensiones en ángulos rectos, sino de pensar de manera concreta sobre el Cosmos y penetrar en la realidad concreta de las dimensiones.

Ahora hay una serie de constelaciones que es inmediatamente evidente para aquellos que estudian el Universo exterior durante la noche, y de hecho siempre se ha visto cuando los hombres han estudiado las estrellas. Es lo que llamamos el Zodíaco. Es irrelevante si creemos en el sistema ptolemaico o copernicano; si seguimos el curso aparente del Sol, siempre parece pasar por el Zodíaco en su ciclo anual. Ahora, si nos imaginamos colocados en el Universo de una manera viva, encontramos que el Zodíaco tiene una gran importancia. No podemos concebir ningún otro Plano en el espacio celestial como de igual valor con el Zodíaco, al igual que no podríamos concebir el plano que nos divide en dos y crea nuestra simetría, como colocado al azar en cualquier lugar. Entonces percibimos el Zodíaco como algo a través de lo cual se puede describir un plano. (Dibujo). Supongamos que este plano es el plano del pizarrón, para que tengamos aquí el plano del Zodíaco; el plano del Zodíaco es justo el plano del pizarrón. Entonces tendremos un plano ante nosotros en el espacio Cósmico, precisamente como imaginamos los tres planos esbozados en el Hombre. Ese ciertamente es un plano del que podemos decir que está fijo allí para nosotros. Vemos al Sol recorrer su curso a través del Zodíaco; relacionamos todos los fenómenos del cielo con este plano. Y aquí tenemos una analogía de un tipo extrahumano para lo que debemos percibir y experimentar como planos en el propio Hombre. Ahora, cuando dibujamos el plano de Simetría en el Hombre, y tenemos a un lado del eje de Simetría el hígado organizado de una manera, y al otro lado el estómago organizado de manera diferente, no podemos pensar en tal hecho sin sentir al mismo tiempo alguna relación interna concreta; no podemos imaginar simplemente líneas de espacio acostadas allí, sino que lo que está en el espacio debe manifestar fuerzas de actividad definidas; no será indiferente si algo está a la derecha o a la izquierda. De la misma manera, debemos imaginar que en la organización del Universo es importante si una cosa está arriba o abajo del Zodíaco. Comenzaremos a pensar en el espacio Cósmico —como lo vemos allí, sembrado de estrellas— comenzaremos a pensar en él como teniendo forma.

Ahora, así como podemos pensar en este plano en el pizarrón, también podemos pensar en otro perpendicular a él. Pensemos en un plano que se extienda desde la constelación de Leo hasta la de Acuario en el otro lado. Luego podemos ir más allá e imaginar un tercer plano nuevamente perpendicular a este, que vaya desde Tauro hasta Escorpio. Ahora tenemos tres planos perpendiculares entre sí en el espacio Cósmico.

Estos tres planos son análogos a los tres que hemos imaginado descritos en el Hombre. Si pensamos en el plano que hemos denominado como el de la Voluntad —el plano, es decir, que nos separa detrás y delante— tenemos el plano del propio Zodíaco.

Si pensamos en el plano que va desde Tauro hasta Escorpio, tenemos el plano del Pensamiento; es decir, nuestro Plano del Pensamiento estaría coordinado con este plano. Y el tercer plano sería el del Sentimiento. Así que hemos dividido el espacio Cósmico mediante tres planos, al igual que dividimos al Hombre en nuestra primera conferencia.

Lo que es principalmente importante no es simplemente desaprender lo más rápido posible el sistema cósmico de Copérnico, sino entrar en esta imagen concreta, imaginar el espacio Cósmico mismo organizado de manera que uno pueda distinguir en él tres planos en ángulos rectos entre sí, tal como se puede hacer en el caso del Hombre.

La siguiente pregunta que surge para nosotros debe ser: ¿Realmente se debe pensar en todo el Hombre como formando una parte integral de lo que nos parece una cosmogonía exterior, en la que el Hombre está incluido? Enfatizamos en la última conferencia que la Tierra con el Sol y otros planetas progresa en una espiral. Tal afirmación es, por supuesto, meramente diagramática, pues la línea espiralada en sí misma está curvada. Sin embargo, eso no nos concierne aquí; lo importante para nosotros en este momento es que la Tierra, como hemos visto, sigue al Sol en tal espiral, y la pregunta es si el Hombre también está tan entrelazado en este movimiento que está absolutamente compelido a participar en él en cualquier caso; porque si eso es así, si absolutamente debe seguir completamente, entonces no hay lugar alguno para el libre albedrío o para la actividad moral de su parte. No olvidemos que comenzamos nuestro estudio con esta misma pregunta: cómo construir un puente que conduzca desde la pura necesidad natural hasta la moralidad, hacia lo que ocurre bajo el impulso del libre albedrío.

Aquí no podemos avanzar más si confiamos solo en el sistema copernicano; porque ¿qué tenemos allí? Nos imaginamos la Tierra sobre la que estamos parados; si la Tierra o el Sol va corriendo no importa... Si el Hombre está conectado con todo esto en una causalidad natural absoluta, es imposible para él desarrollar el libre albedrío.

Por lo tanto, debemos plantearnos la pregunta: ¿Todo el ser del Hombre yace dentro de esta causalidad natural, o el ser del Hombre se eleva fuera de ella en algún punto? Sin embargo, no debemos plantear la pregunta desde el estado de ánimo de pensamiento de los materialistas del siglo XIX, que observaban que tantas personas habían muerto en la Tierra que no sería posible encontrar lugar para todas sus almas. Querían saber sobre el espacio necesario para las almas. Pero el punto en cuestión realmente es: ¿Qué significado tiene preguntar por un lugar para las almas?

Ante todo, debemos entender claramente que el pleno sentido y significado de los eventos en el Universo —y el movimiento también es un evento— solo se hace claro para nosotros cuando lo comprendemos en casos definitivos. Distinguimos de alguna manera lo que ocurre en los cuatro reinos, — lo que está arriba y abajo del plano del Zodíaco (Voluntad), y lo que está a la derecha e izquierda del plano del Sentimiento; o nuevamente, podemos considerar lo que yace en este u otro lado del plano del Pensamiento. Sentimos que algo está conectado con esta diferenciación, algo de lo que sucede en el Cosmos, es decir, aquello que se manifiesta en la recapitulación, como lo tenemos, por ejemplo, en lo que designamos como el "curso del año". Y ahora debemos preguntar de manera concreta: ¿Cómo podemos encontrar una conexión entre el Hombre y el curso anual del Universo exterior? Bueno, primero que todo encontramos que cuando el Hombre desciende del mundo espiritual al físico, pasa por la concepción. Permanece durante unos nueve meses en la condición embrionaria — es decir, tres meses menos que el curso del año. Podríamos inclinarnos a llamar a esto un procedimiento muy irregular. En su evolución, el Hombre parece mostrar, incluso en el mismo génesis de su existencia terrenal física, que no presta atención al curso de los eventos Cósmicos exteriores. Sin embargo, esto no es así. Si tenemos la facultad de observar al niño durante los primeros tres meses de su existencia terrenal, encontramos que estos primeros tres meses — que completan el año — manifiestan en un sentido muy verdadero una continuación de su vida embrionaria; lo que ocurre en el cerebro, así como otras cosas que suceden con el pequeño niño, pueden considerarse desde cierto aspecto como todavía pertenecientes a su vida embrionaria. Así que podemos decir que en cierto sentido el primer año del desarrollo humano, después de todo, puede identificarse con el curso del año.

Luego viene otro año — o aproximadamente un año. Si observamos al niño después del primer año, vemos que el segundo año es aproximadamente el tiempo del crecimiento de los dientes de leche. Observamos al niño durante el segundo año después de su concepción, y encontramos que este año corresponde en promedio con el crecimiento de los primeros dientes. Ahora preguntemos, ¿esto continúa? No, no lo hace. El primer 'nacimiento de dientes' parece representar un año interior del Hombre. Y así es, al igual que el primer año es al mismo tiempo un año interior del Hombre. En la formación de los dientes de leche, obviamente la labor del Universo está en el niño. Pero entonces algo diferente sucede.

En un espacio de tiempo siete veces más largo — de hecho, aún está lejos de completarse incluso entonces, pero al menos comienza su actividad durante este período — en un período siete veces más largo desde el nacimiento, la fuerza que empuja hacia afuera los segundos dientes está en funcionamiento en el niño. Aquí ocurre algo que no podemos conectar con el curso del mundo sino con algo que está retirado de él, y trabaja desde el ser interno del niño.

Aquí, entonces, tenemos un ejemplo concreto. Tenemos, ante todo, con respecto a una serie de hechos, el organismo mundial proyectado en el Hombre en la formación de sus dientes de leche. Y luego nuevamente, cuando observamos los dientes permanentes, que crecen desde el Hombre, encontramos que estos son una producción propia del Hombre. Un sistema Cósmico humano interno los ha colocado en el otro sistema Cósmico. Aquí tenemos el primer anuncio de la liberación del Hombre, en el hecho de que se dedica a algo que claramente muestra su independencia del Universo; porque aunque este proceso retiene dentro de él en el ser del Hombre el curso temporal del Universo, el Hombre lo ha ralentizado dentro de él, ha dado al mismo proceso una velocidad diferente, siete veces más lenta, tomando así siete veces más tiempo. Aquí tenemos el contraste entre el ser interno del Hombre y el ser externo del Universo.

Otra independencia del Universo exterior se demuestra muy claramente en la alternancia entre dormir y despertar. Las posiciones de la Tierra alternan con respecto a ciertas constelaciones, pero siempre alternan con el día y la noche. ¿Cómo es con el Hombre?

¿Qué nos significa a nosotros, seres humanos, esta alternancia entre estar despiertos y dormir? Significa, hablando grosso modo, que en un momento vamos con nuestro Yo y cuerpo astral unidos a nuestro cuerpo etérico y físico, y en otro momento vamos con el Yo y el cuerpo astral separados del cuerpo etérico y físico.

Ahora un hombre en el presente ciclo de civilización, especialmente uno que se llama a sí mismo hombre civilizado, ya no está del todo dependiente en este respecto del ciclo de la Naturaleza. El ciclo de estar despierto y dormir, en su medida de tiempo, parece asemejarse al ciclo de la Naturaleza; pero hay personas en la actualidad — ¡he conocido a tales! — que convierten la noche en día y el día en noche. En resumen, el Hombre puede liberarse de la conexión con el curso del mundo. La secuencia en él de los estados de dormir y estar despierto muestra sin embargo que todavía tiene dentro de sí una copia de esta conformidad con la ley. Lo mismo es cierto de muchos fenómenos del ser humano. Cuando observamos cómo el Hombre alterna entre estar despierto y dormir, y la Naturaleza alterna entre día y noche, y cómo el Hombre todavía está hoy en día vinculado a la alternancia de estar despierto y dormir aunque no a la de día y noche, debemos decir: el Hombre fue en un momento, en lo que respecta a sus condiciones internas, vinculado al curso exterior del Universo, pero se ha liberado de él. El Hombre civilizado hoy ha roto casi por completo con el curso de la Naturaleza exterior. Realmente está regresando a él cuando percibe, cuando descubre con su intelecto, que es mejor para él dormir de noche en lugar de durante el día. Sin embargo, no es el caso de que la noche se apodere del Hombre de tal manera que deba dormir bajo cualquier circunstancia. Ningún hombre civilizado realmente siente: 'La noche me hace dormir, el día me despierta'. A lo sumo, si cae la noche y una conferencia sigue en marcha aquí, los dos hechos juntos pueden tal vez afectar a algunos de tal manera que experimenten una demanda absoluta de la Naturaleza de que deben dormirse. Sin embargo, estos son incidentes no necesariamente implicados en nuestra cosmogonía.

Así que el punto a observar es que el Hombre se ha librado del curso de la Naturaleza, pero que sin embargo en su periodicidad todavía muestra un reflejo de ella. Veamos cómo se manifiestan las transiciones de una condición a la otra. Podemos decir que en nuestro estar despiertos y dormir aún mostramos claramente el curso de la Naturaleza en imagen, pero que nos hemos liberado de él. En la aparición de los segundos dientes, ya no mostramos en secuencia cronológica una imagen del curso de la Naturaleza como aún se expresa en el crecimiento de los primeros dientes. Cuando recibimos nuestros segundos dientes, surge en nosotros un nuevo curso de la Naturaleza; porque esto no está bajo nuestro control como el dormir y el estar despiertos. Nuestra libre elección no entra aquí. Aquí algo aparece perteneciente a la Naturaleza y aún así no sigue el curso más grande de la Naturaleza, algo que el Hombre tiene para sí. Y sin embargo, no está dentro de su libre elección, está insertado como una segunda organización natural dentro de la primera.

En todas estas cosas, estoy hablando de asuntos cotidianos bastante simples, pero es cuestión de notarlas de la manera correcta. Ahora debemos decirnos a nosotros mismos: Hay un cierto 'acontecimiento' natural, dentro del cual está entrelazado el crecimiento de los primeros dientes del Hombre. Vamos a dibujarlo en un diagrama. Dentro de este evento o proceso natural, como parte del proceso, avanza la formación de los primeros dientes del Hombre. Luego tenemos otro acontecimiento natural, uno propio del Hombre, que no está completamente dentro del acontecimiento general del mundo — el crecimiento de los segundos dientes (en rojo). Para dibujarlo, debemos presentarlo como un flujo diferente. Sin embargo, la diferencia aún no es clara en el dibujo, ambos se ven iguales. El hecho es que debemos representarlo de una manera completamente diferente si queremos representar la conexión entre la recepción de los primeros y segundos dientes; debemos dibujar los primeros dientes siete veces más profundos. Si los dibujamos uno al lado del otro, paralelos, no obtenemos una imagen de la relación de los primeros dientes con los segundos; solo obtenemos una imagen de la fuerza en la que depende el crecimiento de los primeros dientes al dibujarlo rodeado por otra fuerza, en la que depende el crecimiento de los segundos dientes. Aquí, a través de la diferencia de velocidad, surge la necesidad de que el movimiento se curve. Así, cuando decimos que hay una estrella en algún lugar del espacio con otra orbitando a su alrededor... entonces a través del simple hecho de la revolución, surge algo cualitativo —una actividad creativa.

También podría decir: observamos el crecimiento de los primeros dientes y el de los segundos; eso debe tener algo que ver en el espacio cósmico, con ciertas fuerzas, una de las cuales orbita alrededor de la otra. Les presento este ejemplo, porque a partir de él verán lo que significa hablar de movimientos concretos en el espacio, y qué vacío es el tipo de conversación que dice: Júpiter —o puede ser Saturno— está a tantas millas de distancia del Sol y lo orbita en tal o cual línea. Eso no dice absolutamente nada, es una frase vacía. Solo podemos saber algo sobre hechos como estos cuando unimos algo de contenido con ellos, como: la órbita de Júpiter es así, la órbita de Saturno es así, y la revolución de uno sirve a la revolución del otro. Aquí simplemente he señalado la necesidad de ciertos procesos y acontecimientos definidos. Algunos de ustedes pueden decir que son difíciles de entender. O tal vez no lo dirán, ¡pero considerarán que no es necesario discutirlos! No hasta que la gente aprenda a estudiar tales cosas podrán avanzar hacia una visión definida y clara del Universo. Y entonces abandonarán lo que se presenta de manera tan superficial en el Copernicanismo —la concepción de los movimientos celestiales solo en líneas. Debería entrar en la humanidad un impulso que diga: Es necesario tener claridad primero sobre nuestras experiencias más elementales antes de dirigir nuestra atención a los misterios exteriores del Universo.

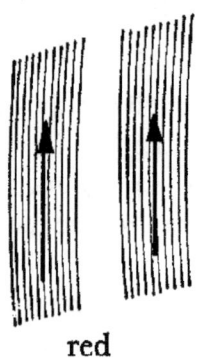

red

Solo aprendemos el significado de ciertas conexiones que leemos de las estrellas, cuando entendemos los procesos correspondientes en nuestro organismo; porque lo que está dentro de nuestra piel no es otro que un reflejo del organismo del mundo exterior. Así que si dibujamos a un hombre en un diagrama, tenemos aquí la circulación sanguínea (solo en diagrama) y podemos rastrear su camino. Todo está en el ser interno del Hombre. Si ahora salimos al Universo y buscamos al Sol, es el Sol el que corresponde al corazón dentro del Hombre. Lo que sale del corazón a través del cuerpo, o de hecho, lo que sale del cuerpo hacia el corazón, en verdad se asemeja aproximadamente a los movimientos relacionados con el curso del Sol. En lugar de dibujar líneas abstractas, deberíamos mirar al ser humano. Dentro de su piel se encontraría lo que está afuera en el espacio celestial. El Hombre también se encontraría que tiene su parte en el orden Cósmico. Y, por otro lado, también se vería su independencia del sistema Cósmico; y cómo gana esta independencia poco a poco, como he mostrado. Hablaremos más sobre esto en la próxima conferencia; por ahora debemos de mirar el curso principal de los vasos sanguíneos en el organismo humano. Vista desde arriba, es como una línea en bucle. En lugar de dibujarla, deberíamos seguir los jeroglíficos inscritos en nosotros mismos; porque entonces aprenderíamos a entender la naturaleza de las cualidades en el Universo exterior. Esto solo podemos hacerlo cuando seamos capaces de reconocer y experimentar vivamente el hecho del que también he hablado en conferencias públicas, el hecho de que el corazón no funciona como una bomba que impulsa la sangre a través del cuerpo, sino que el corazón es movido por la circulación, que a su vez es algo vivo, y la circulación está a su vez condicionada por los órganos. El corazón, como se puede seguir en embriología, en realidad no es más que un producto de la circulación sanguínea. Si podemos entender lo que es el corazón en el cuerpo humano, aprenderemos a entender también que el Sol no es, como lo llama Newton, el cable-polea general que envía sus cuerdas (llamadas la fuerza de la gravedad) hacia los planetas, Mercurio, Venus, Tierra, Marte y así sucesivamente, atrayéndolos por estas fuerzas invisibles de atracción, o rociando luz sobre ellos, y cosas por el estilo; sino que al igual que el movimiento del corazón es el producto de la fuerza vital de la circulación, así el Sol no es otro que el producto de todo el sistema planetario. El Sol es el resultado, no el punto de partida. La cooperación viva del sistema solar produce en el centro un hueco, que se refleja como un espejo. ¡Eso es el Sol! A menudo he dicho que el físico se sorprendería mucho si pudiera viajar al Sol y encontrar allí nada de lo que ahora imagina, sino simplemente un espacio hueco; incluso, un espacio hueco de succión que aniquila todo dentro de él. Un espacio de hecho que es menos que hueco. Un espacio hueco simplemente recibe lo que se pone en él; pero el Sol es un espacio hueco de tal naturaleza que cualquier cosa llevada a él es inmediatamente absorbida y desaparece. Allí en el Sol no hay solo nada, sino menos que nada. Lo que brilla para nosotros en la luz es el reflejo de lo que primero llega desde el espacio Cósmico —al igual que el movimiento del corazón es, por así decirlo, lo que queda allí en la cooperación de los órganos, en el movimiento de la sangre, a través de la actividad de la sed y el hambre y así sucesivamente.

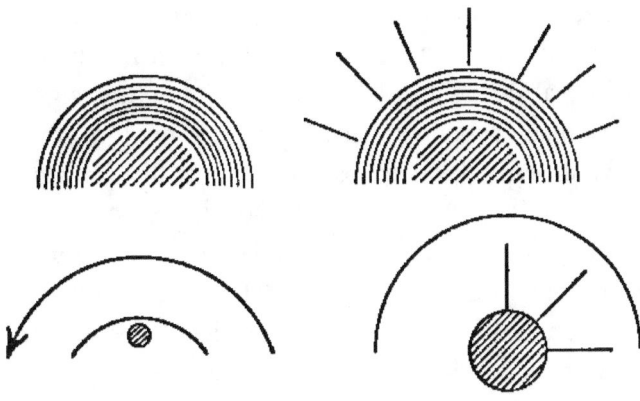

Si comprendemos los procesos en el ser interno del organismo, también podemos entender a partir de ellos los procesos en el espacio cósmico exterior. Las dimensiones abstractas del espacio solo están ahí para que podamos seguir estas cosas de manera fácil e indolente. Si deseamos seguirlos de acuerdo con la verdad, debemos tratar de experimentarnos internamente, y luego dirigirnos hacia afuera con entendimiento interno. Entienden el Sol quienes entienden el corazón humano; y así es con el resto del ser interno del Hombre.

Así que es una cuestión de suma importancia tomar en serio el dicho "Conócete a ti mismo", y a partir de eso pasar a la comprensión del Universo. Mediante un autoconocimiento que abarque a todo el Hombre, entenderemos el Universo fuera del Hombre ¡Veis que no podemos avanzar tan rápidamente con la construcción de una cosmogonía! Para hacer claros algunos de los rasgos de esta cosmogonía, podemos dibujar una espiral; pero esto todavía no muestra el estado real de las cosas. Porque para describir algunos rasgos más, debemos hacer que la espiral misma se mueva en espiral; debemos hacer que la línea misma se curve. Y aún así no hemos llegado lejos, porque para describir ciertos hechos como la diferencia entre el crecimiento de los dientes del primer año y el crecimiento de los dientes de los siete años debemos describir un desplazamiento de la línea misma.

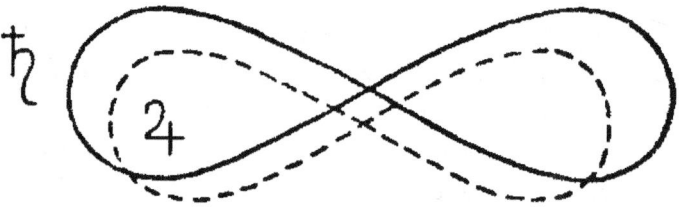

Así que veis que la construcción de un Universo no es algo que se pueda hacer muy rápidamente. El deseo de construir una cosmogonía con unas pocas líneas debe ser abandonado, y el hombre debe aprender a considerar la concepción actual del mundo como una absoluta ilusión. Esto se pretende como un estudio preparatorio de lo que quiero decir en la próxima conferencia. Tuvo que ser un poco más difícil; pero una vez que hayamos superado estas dificultades iniciales, habremos construido las condiciones preliminares para unir los tres dominios importantes de la vida —la Naturaleza, la Moralidad y la Religión— mediante dos puentes correspondientes.

Conferencia Cuatro: Explorando las leyes superiores

La naturaleza fundamental y la construcción del Universo no pueden concebirse en su realidad sin referencia continua al Hombre. Una y otra vez debemos intentar encontrar en el Universo exterior lo que existe de una manera u otra en el Hombre. Utilizaremos estas próximas tres conferencias con el propósito de obtener, desde este punto de vista, una especie de imagen plásticamente formada del mundo, que luego pueda llevar a responder la pregunta: ¿Cuál es la relación entre la moralidad y la ley natural en el Hombre?

Cuando estudiamos al Hombre (aquí solo repito cosas que ya se han hablado y escrito desde varios puntos de vista), lo encontramos primero organizado en lo que podríamos llamar Hombre superior y Hombre inferior; y luego tenemos lo que forma la conexión entre los dos: el Hombre rítmico, igualando o equilibrando las otras dos partes.

Debemos observar en primer lugar que existe una diferencia completa en las leyes que rigen las partes superiores e inferiores del hombre. Podemos darnos cuenta de esta diferencia cuando consideramos el hecho de que el 'hombre superior', que está regulado por la cabeza, en su origen es el resultado de leyes completamente diferentes, ya que pertenece a un mundo diferente del mundo de los sentidos.

Esa parte de nosotros que en nuestra última encarnación fue el resultado de fuerzas del mundo de los sentidos, es decir, el hombre de los miembros se ha convertido en lo que ahora es, el hombre de la cabeza, a través de una metamorfosis que tiene lugar entre la muerte y un nuevo nacimiento —no en relación, por supuesto, a la forma exterior, sino en lo que respecta a las fuerzas de formación. Lo que ahora es el hombre de los miembros se transforma completamente en sus fuerzas — transmutado en su constitución suprasensible entre la muerte y un nuevo nacimiento, y aparece en nuestra nueva vida terrenal incorporado del Universo en nuestra constitución. Sobre esto se suspende, por así decirlo, el resto del hombre —formado del mundo de los sentidos. Este hecho podemos encontrarlo ya probado claramente desde la Embriología, si solo pensáramos racionalmente sobre los hechos embrionarios. Y así tenemos en nuestra organización de la cabeza un sistema de leyes que no pertenecen en absoluto a este mundo, excepto solo en su origen —es decir, en la medida en que estuvo presente en una encarnación anterior. Pero todo lo que ha causado la transformación del hombre de los miembros en hombre de la cabeza está activo en un mundo completamente diferente —el mundo en el que vivimos, en el intervalo entre la muerte y un nuevo nacimiento. Aquí, entonces, otro mundo penetra en el mundo de los sentidos. Otro mundo se manifiesta en el organismo de la cabeza del Hombre. En cierto sentido, el mundo exterior se pone en correspondencia con este otro mundo, en que la cabeza proyecta los órganos sensoriales principales hacia afuera. El mundo que se extiende en el espacio y que transcurre en el tiempo, es percibido por el hombre a través de sus sentidos; penetra en el hombre a través de sus sentidos, y así también pertenece en cierto sentido al organismo de la cabeza. En relación con nuestro hombre de los miembros, por otro lado, estamos en un estado de sueño. He hablado muchas veces de este estado de sueño del hombre en relación con su naturaleza de Voluntad, en relación con todo lo que existe en el hombre de los miembros. No sabemos cómo movemos nuestros miembros, cómo la voluntad causa el movimiento; solo examinamos el movimiento después como un fenómeno externo a través de nuestros sentidos. Estamos dormidos en nuestra organización de los miembros, en el mismo sentido en que estamos dormidos en el Universo entre dormirnos y despertarnos.

Así que aquí tenemos ante nosotros un mundo completamente diferente. Podemos decir: tenemos un mundo que manifiesta externamente todo lo que habla a nuestros sentidos —todo lo que percibimos a través de los ojos, los oídos, etc. A este mundo pertenecemos a través de esa parte de nosotros mismos que hemos llamado hombre de la cabeza. Nuestra conexión con el mundo que está detrás de este es traída por el hombre de los miembros, pero en él estamos inconscientes;

dormimos en este mundo, ya sea en el dominio de nuestra Voluntad, o ya sea que dormimos en el Universo entre dormirnos y despertarnos.

Estos dos mundos están realmente constituidos de tal manera que uno está vuelto hacia nosotros y el otro lejos de nosotros, por así decirlo; está detrás del mundo de los sentidos aunque tengamos nuestro origen en él. El hombre sintió en tiempos antiguos —y el Este todavía lo siente— que una reconciliación entre los dos es posible. Como saben, nosotros en Occidente buscamos la reconciliación de una manera diferente; pero los orientales, incluso hoy, aún intentan encontrarla de manera relativamente consciente (aunque sus métodos ya están anticuados para la humanidad actual). El acto de comer está simbolizado por una línea (bosquejo), porque cuando tomamos alimentos, el proceso que sigue tiene lugar en la esfera del sueño (inconscientemente). No somos conscientes de lo que realmente está sucediendo cuando comemos un huevo o una col; tiene lugar en el inconsciente como los sucesos del sueño. La col y el huevo manifiestan su exterior a nuestra percepción sensorial. Pero el acto de comer realmente pertenece a un mundo completamente diferente. Sin embargo, la reconciliación se encuentra en nuestra respiración.

Aunque esta última es en cierta medida inconsciente, no lo es en tan gran medida como nuestra alimentación. A pesar de que nuestra respiración no es tan consciente como nuestra audición y visión, es más consciente que el proceso de digestión, por ejemplo; y mientras que en el Este hoy en día, el intento de hacer consciente el proceso digestivo ha cesado, por regla general (esto solía hacerse en tiempos antiguos), el proceso de respiración todavía se trae en cierto sentido a la conciencia. (La serpiente eleva el proceso de digestión a la conciencia, pero la conciencia de la serpiente, por supuesto, no se puede comparar con la conciencia humana). Hay un cierto entrenamiento de la respiración, donde la inhalación y la exhalación se regulan de tal manera que el proceso se transforma en una percepción sensorial. Así que encontramos la respiración insertada, por así decirlo, entre la percepción sensorial consciente y la completa

inconsciencia de la asimilación y transmutación de la materia física. De hecho, el Hombre habita en tres mundos; el sensible a su conciencia, el otro del que permanece totalmente inconsciente, y el tercero (la respiración) actuando como un vínculo o mediador entre los dos.

Ahora bien, es un hecho que el proceso de respiración también es una especie de asimilación; en todo caso, es un proceso material, aunque tiene lugar de manera más sutil; es un estado intermedio entre la transmutación real de la materia, la asimilación, y el proceso de percepción sensorial, la experiencia completamente consciente del mundo exterior.

En el estado en el que nos encontramos entre quedarnos dormidos y despertarnos, experimentamos en el entorno que nos rodea, eventos que solo entran en nuestra conciencia cotidiana como sueños. Aquí el hombre cruza, por así decirlo, hacia el mundo que está marcado en nuestro bosquejo, y los sueños revelan a través de su propia naturaleza cómo cruza el Hombre. Consideren por un momento cuán estrechamente relacionados están los sueños con el proceso de respiración —el ritmo de la respiración— cuán a menudo pueden rastrear este ritmo en sus efectos posteriores cuando sueñan. El hombre cruza la frontera, por así decirlo, del mundo de la conciencia, cuando se sumerge incluso ligeramente en este otro mundo en el que está cuando duerme o cuando sueña. Ahí yace también el mundo de las 'Imaginaciones'. En las 'Imaginaciones' es para nosotros un mundo totalmente consciente, tenemos percepción consciente en ese mundo, que simplemente probamos, por así decirlo, en nuestros sueños.

Ahora tendremos que considerar una correspondencia que se encuentra, una correspondencia absoluta, en lo que respecta al Número. Ya he llamado a menudo su atención sobre esta correspondencia entre el Hombre y el mundo en el que evoluciona. He señalado el hecho de que el Hombre, en su ritmo de respiración —18 por minuto— manifiesta algo que está en notable acuerdo con otros procesos del Universo. Hacemos 18 respiraciones por minuto, lo que da cuando se calcula para el día, 25.920 respiraciones. Y llegamos al mismo número cuando calculamos cuántos días contiene un término de vida normal de 72 años. Eso también da alrededor de 25.920 días; así que algo podría decirse que exhala nuestro cuerpo astral y el Ego, al quedarse dormido e inhalarlos de nuevo al despertar —siempre de acuerdo con el mismo ritmo numérico.

Y nuevamente, cuando consideramos cómo se mueve el Sol —ya sea aparente o realmente, no importa— avanzando un poco cada año en lo que llamamos la precesión de los equinoccios, cuando consideramos el número de años que le lleva al Sol hacer este viaje alrededor de todo el Zodíaco, una vez más obtenemos 25.920 años —el año platónico.

De hecho, esta vida humana nuestra, dentro de los límites establecidos por el nacimiento y la muerte, está realmente formada, hasta sus procesos más infinitesimales —como hemos visto en la respiración— de acuerdo con las leyes del Universo. Pero en la correspondencia que hemos observado hasta ahora entre el Macrocosmos y el Hombre el Microcosmos, hemos hecho nuestras observaciones en un reino donde la correspondencia es obvia y evidente. Sin embargo, hay otras correspondencias muy importantes. Por ejemplo, consideren lo siguiente. Quiero llevarlos a través del Número a algo más que tengo que presentarles. Tomen las 18 respiraciones por minuto, haciendo 1.080 por hora y en 24 horas 25.920 respiraciones; es decir, debemos multiplicar: 18 X 60 X 24 para llegar a 25.920.

Tomando esto como el ciclo de la precesión de los equinoccios, y dividiéndolo por 60 y luego por 24, naturalmente obtendríamos 18 años. ¿Y qué significan realmente estos 18 años? Consideren —estas 25.920 respiraciones corresponden a un día humano de 24 horas; en otras palabras, este día de 24 horas es el día del Microcosmos. 18 respiraciones pueden servir como la unidad de ritmo.

Y ahora tomen el círculo completo descrito por la precesión de los equinoccios, y llámenlo, no un año platónico, sino un gran Día de los Cielos, un día Macrocósmico. ¿Cuánto tiempo tendría que ocupar una respiración en esta escala para corresponder con la respiración humana? Su duración tendría que ser de 18 años —una respiración realizada por el Ser correspondiente al Macrocosmos.

Si tomamos las afirmaciones de la astronomía moderna —no necesitamos interpretarlas aquí, hablaremos de su significado más tarde— encontraremos que es indiferente si asumimos que el movimiento del Sol es aparente o el movimiento de la Tierra; eso no nos concierne —pero tomemos ahora lo que el Astrónomo de hoy llama Nutación del Eje de la Tierra.

Ustedes son conscientes de que el eje de la Tierra yace oblicuamente sobre la Eclíptica, y que los Astrónomos hablan de una oscilación del eje de la Tierra alrededor de este punto y lo llaman 'Nutación'. El eje completa una revolución alrededor de este punto en aproximadamente 18 años (en realidad son 18 años, 7 meses, pero no necesitamos considerar la fracción, aunque es perfectamente posible calcular esto también con exactitud). Pero con estos 18 años algo más está íntimamente conectado. Porque no es solo en el hecho de la 'Nutación' —este 'temblor', esta rotación del eje de la Tierra en un doble cono alrededor del centro de la Tierra, y el período de 18 años para su completitud— no es solo en este hecho en el que debemos fijar nuestras mentes, sino que encontramos que simultáneamente con esto tiene lugar otro proceso. La Luna aparece cada año en una posición diferente porque, al igual que el Sol, asciende y desciende de la eclíptica, avanzando en una especie de movimiento oscilante una y otra vez hacia el ecuador eclíptico. Y cada 18 años aparece una vez más en la misma posición que ocupaba 18 años antes. Ven que hay una conexión entre esta Nutación y el camino de la Luna. Nutación de hecho no indica nada más que el camino de la Luna. Es la proyección del movimiento de la Luna. Así que podemos observar en realidad la "respiración" del Macrocosmo. Solo necesitamos notar el camino de la Luna en 18 años o, en otras palabras, la Nutación del eje de la Tierra. La Tierra danza, y lo hace de tal manera que describe un cono, un doble cono, en 18 años, y esta danza es un reflejo de la respiración macrocósmica. Esto sucede tantas veces en el año macrocósmico como las 18 respiraciones humanas durante el día microcósmico de 24 horas.

Así que realmente tenemos una respiración macrocósmica por minuto en este movimiento de Nutación. En otras palabras, miramos esta respiración del Macrocosmo a través de este movimiento de

Nutación de la Luna, y tenemos ante nosotros lo que corresponde a la respiración en el hombre. Y ahora, ¿cuál es el propósito de todo esto? El significado de ello es que al pasar de la vigilia al sueño, o solo del estado completamente consciente al estado de sueño, ingresamos a otro mundo, y frente a las leyes ordinarias del día, los años, etc., y también el año platónico, encontramos en esta inserción de un ritmo lunar, algo que tiene la misma relación en el Macrocosmo, como la respiración, el proceso semiconsciente de la respiración, tiene con nuestra plena conciencia. Por lo tanto, no solo debemos considerar un mundo que se nos presenta como el mundo de los sentidos; sino que también tenemos otro mundo, cuyos fundamentos se encuentran dentro de las leyes de otro mundo, y que está en exactamente la misma relación con el mundo de los sentidos que nuestra respiración con nuestra conciencia; y este otro mundo se nos revela tan pronto como interpretamos de la manera correcta este movimiento lunar, esta Nutación del eje de la Tierra.

Estas consideraciones deberían permitirles darse cuenta de la imposibilidad de investigar de manera unilateral las leyes que se manifiestan en el mundo. El pensador materialista moderno está en busca de un solo sistema de leyes naturales. En esto se engaña a sí mismo; lo que debería decir es más bien lo siguiente. "El mundo de los sentidos es ciertamente un mundo en el que me encuentro inmerso y al que pertenezco; es ese mundo que es explicado por la ciencia natural en términos de

Causa y Efecto. Pero otro mundo interpenetra este, y está regulado por leyes diferentes. Cada mundo está sujeto a su propio sistema de leyes." Mientras estemos de la opinión de que un tipo de sistema de leyes podría ser suficiente para nuestro mundo, y que todo depende del hilo de Causa y Efecto, así seguiremos siendo víctimas de ilusiones completas.

Solo cuando podemos percibir a partir de hechos como el movimiento de la Luna y la nutación del eje terrestre que otro mundo se extiende en este — solo entonces estamos en el camino correcto.

Y ahora, ven, estas son las cosas en las que lo espiritual y lo material (llamémoslo así) se tocan, o digamos lo psíquico y lo material. Quien pueda observar fielmente lo que está contenido dentro de sí mismo encontrará lo siguiente. Estas cosas deben ser gradualmente traídas a la atención de la humanidad. Hay muchos entre ustedes que ya han pasado el período de 18 años y cerca de 7 meses de edad. Ese fue un período importante. Otros habrán pasado el doble de ese número de años, 37 años y 2 meses, nuevamente un momento importante. Después de eso tenemos un tercer período muy trascendental 18 años y siete meses más tarde, a la edad de 55 años y 9 meses. Pocos pueden notar aún, al no haber sido entrenados para hacerlo, los efectos y los cambios importantes que tienen lugar dentro del alma individual en estos momentos. Las noches pasadas durante estos períodos son las más importantes en la vida del individuo. Es aquí donde el Macrocosmo completa sus 18 respiraciones, completa un minuto —y el Hombre, por así decirlo, abre una ventana hacia otro mundo completamente diferente. Pero como dije, el hombre aún no puede observar estos puntos en su vida. Sin embargo, todos podrían intentar dejar que su ojo mental retroceda a lo largo de los años que han pasado, y si tienen más de 55 años reconocer tres épocas importantes de este tipo; otros dos, y la mayoría de ustedes al menos una! En estos períodos tienen lugar eventos que irrumpen en nuestro mundo desde otro completamente diferente. Nuestro mundo se abre en estos momentos a otro mundo.

Si deseamos describir este acontecimiento más claramente, podemos decir que nuestro mundo es penetrado de nuevo en estos tiempos por corrientes astrales; fluyen hacia adentro y hacia afuera. Por supuesto, esto realmente sucede cada año, pero aquí nos concierne los 18 años, ya que corresponden a las 18 respiraciones por minuto. En resumen, nuestra atención es atraída a través del reloj cósmico hacia la respiración del Macrocosmo, en el que estamos incrustados. Esta correspondencia con otro mundo, que se manifiesta a través del movimiento de la Luna, es excepcionalmente importante. Porque, vean, el mundo que en estos momentos se proyecta en el nuestro, es el mismo mundo en el que ingresamos durante nuestro sueño, cuando el Yo y el cuerpo astral abandonan nuestros cuerpos físicos y etéricos. No debe pensarse que el mundo que compone nuestro entorno cotidiano está simplemente impregnado de manera abstracta por el mundo astral; más bien deberíamos decir que respira en el mundo astral, y podemos observar lo astral en este proceso respiratorio a través del movimiento de la Luna o la nutación. Se darán cuenta de que aquí hemos llegado a algo de gran importancia. Si recuerdan lo que dije recientemente, podemos expresarlo de la siguiente manera. Tenemos, por un lado, nuestro mundo tal como se observa generalmente; y tenemos además, la superstición materialista que, por ejemplo, si miramos hacia arriba, vemos el Sol, una bola de gas, como se describe en los libros. Esto es un absurdo. El Sol no es una bola de gas; pero en ese lugar donde está el Sol, hay algo menos que espacio vacío —un cuerpo absorbente, succionador, de hecho, mientras que todo a su alrededor es lo que ejerce presión. En consecuencia, en lo que nos llega del Sol no tenemos que ver con nada que constituya un producto de combustión en el Sol; sino que todo lo que ha sido transmitido al Sol desde el Universo es radiado de vuelta.

Donde está el Sol, es más vacío que el espacio vacío. Esto puede decirse de todas las partes del Universo donde encontramos Éter. Por esta razón es tan difícil para el físico hablar del Éter, porque piensa que el Éter también es materia, aunque más rara que la materia ordinaria. El materialismo todavía está muy ocupado con este perpetuo 'rarificar', tanto el materialismo de la ciencia natural como el materialismo de la Teosofía. Distingue primero, materia densa; luego materia etérica —más rara; luego materia astral —aún más rara; y luego está lo 'mental' y no sé qué más —¡siempre más y más rara!

La única diferencia (en esta teoría de rara vez) entre las dos formas de materialismo es que una reconoce más grados de rarefacción que la otra. Pero en la transición de la materia ponderable al Éter no tenemos nada que ver con la rarefacción. Cualquiera que crea que en el Éter tenemos que ver meramente con un proceso de 'rarificación' es como un hombre que dice: 'Aquí tengo una bolsa llena de dinero; repetidamente saco de ella y el dinero se va volviendo cada vez menos. Saco aún más hasta que al final no queda ninguno.' No queda nada — ¡pero aún así puede continuar! El 'nada' puede volverse aún menos; porque si se endeuda, su dinero se vuelve menos que nada. De la misma manera, no solo la materia se convierte en espacio vacío, sino que se vuelve negativa, menos que nada —más vacía que la nada; asume una naturaleza 'succionadora'. El Éter es succionador, absorbente. La materia presiona. El Éter absorbe. El Sol es una bola absorbente, succionadora, y dondequiera que esté presente el Éter tenemos esta fuerza absorbente.

Aquí pasamos al otro lado, al otro aspecto del espacio tridimensional —pasamos de la presión a la succión. Aquello que nos rodea inmediatamente en este mundo, de lo que estamos constituidos como hombre físico y hombre etérico, es tanto presionante como succionador o absorbente. Somos una combinación de ambos; mientras que el Sol posee solo el poder de succión, siendo nada más que éter, nada más que succión. Es la ondulante ola de presión y succión, materia ponderable y éter, que en su alternancia forma una organización viva. Y el organismo vivo respira continuamente en lo astral; la respiración se expresa a través del movimiento de la Luna o la nutación. Y aquí comenzamos a adivinar un segundo miembro o principio de la construcción del mundo; un miembro —presión y succión, físico y etérico; el otro, el segundo —astral. Lo astral no es físico ni etérico, pero es continuamente inhalado y exhalado; y la nutación demuestra este proceso.

Ahora, un cierto hecho astronómico fue observado incluso en los tiempos más antiguos. Muchos miles de años antes de la era cristiana, los egipcios sabían que después de un período de 72 años, las estrellas fijas en su curso aparente ganan un día al Sol. Nos parece, ¿verdad?, que las estrellas fijas giran y el Sol también gira, pero este último gira más lentamente, de modo que después de 72 años las estrellas están apreciablemente adelante. Esta es la razón del movimiento del Punto Vernal (el punto equinoccial de primavera); es decir, que las estrellas van más rápido. El Equinoccio de Primavera se aleja más y más, la estrella fija ha alterado su lugar en relación con el Sol. En resumen, los hechos son que si notamos el camino de una estrella fija y notamos el punto donde el Sol se encuentra sobre ella, encontramos que al final de 72 años la estrella ocupa la misma posición el 30 de diciembre, mientras que el Sol solo alcanza ese punto nuevamente el 31 de diciembre. El Sol ha perdido un día. Después de un lapso de 25,920 años esta pérdida es tan grande, que el Sol ha descrito una revolución completa y una vez más está de vuelta en el lugar que notamos. Vemos por lo tanto que en 72 años el Sol está un día detrás de las estrellas fijas. Ahora, estos 72 años son aproximadamente el período de vida normal del Hombre, y están compuestos por 25,920 días.

Así que cuando multiplicamos 72 años por 360, y consideramos el lapso de vida humano como un día, tenemos la vida humana como un día del Macrocosmo. El Hombre es exhalado, por así decirlo, del Macrocosmo; su vida es un día en el año macrocósmico.

Así que esta revolución, este círculo descrito por la precesión de los Equinoccios, indicando el año macrocósmico, como ya lo sabían los egipcios hace miles de años (porque consideraban este período de 72 años como muy importante), esta revolución aparente del punto Vernal está conectada con la vida y la muerte del Hombre en el Universo —con la vida y la muerte, es decir, del Macrocosmo. Y las leyes de la vida y la muerte del Hombre son algo que estamos obligados a seguir. Ya hemos encontrado cómo la nutación apunta a otro mundo; como nuestro mundo de percepción sensorial apunta a uno, así la nutación apunta a otro, el mundo respiratorio. Y ahora, a través de lo que la astronomía moderna llama 'precesión', tenemos algo que podemos llamar nuevamente una transición, una transición esta vez a un estado de sueño profundo, una transición a otro, a un tercer mundo. Tenemos así tres mundos, interpenetrándose unos a otros, interrelacionados; pero no debemos intentar simplemente combinar estos mundos desde el punto de vista de la causalidad. Tres mundos, un mundo triforme, como el Hombre es un ser triforme; uno, el mundo del sentido que nos rodea, el mundo que percibimos; un segundo mundo cuya presencia se indica por los movimientos de la Luna; y un tercero que se nos da a conocer por el movimiento del punto equinoccial, o podríamos decir, por el camino del Sol. Este tercer mundo de hecho permanece tan desconocido para nosotros como el mundo de nuestra propia Voluntad es desconocido para nuestra conciencia ordinaria.

Es importante por lo tanto buscar en todas partes correspondencias entre el Microcosmos humano y el Macrocosmos. Y cuando hoy el Oriental, aunque solo sea de manera decadente, busca adquirir conciencia de la respiración, como se hacía en la antigua sabiduría Oriental, es la manifestación del deseo de vagar hacia este otro mundo que de otra manera solo podría reconocer a través de lo que la Luna, por así decirlo, quiere en nuestro mundo. Pero en aquellos tiempos en que todavía había una antigua sabiduría llegando al hombre de una manera diferente a la que hoy debemos buscar la sabiduría —en esos tiempos el hombre también sabía cómo ver esta acción de la ley interior en otras conexiones y correspondencias.

En el Antiguo Testamento, los Iniciados, que estaban familiarizados con estos asuntos, siempre usaban cierta imagen o imagen —la imagen, a saber, de la relación entre la luz de la Luna y la luz del Sol. Esto también podemos encontrarlo en cierto sentido en los Evangelios, como les he mostrado recientemente.

Generalmente hablamos de la luz de la Luna como luz reflejada del Sol. Estoy hablando ahora en el sentido de la física, y más adelante tendré que mostrar que estas expresiones son realmente muy inexactas. La luz de la Luna representada en el Antiguo Testamento el poder de Jahve o Jehová. Este poder fue concebido como un poder reflejado, y los Iniciados —aunque no, por supuesto, los Rabinos ortodoxos del Antiguo Testamento— sabían: El Mesías, el Cristo vendrá, y Él será la luz directa del Sol. Jahve es solo su reflejo anticipado. Jahve es la luz del Sol, pero no la luz del Sol directa. Por supuesto, aquí estamos hablando no de la luz solar física, sino de la realidad espiritual.

Cristo entró en la evolución humana, Él que había estado presente previamente solo en reflexión, de manera indirecta en la forma de Jehová. Y surgió la necesidad de pensar en el Cristo, que vivía en Jesús, como el resultado de un conjunto diferente de leyes de aquellas que corresponden a la ciencia natural ordinaria. Pero si no admitimos este otro conjunto de leyes, si creemos que el mundo existe solo como resultado de la causa y el efecto, entonces no hay lugar para Aquello que es el Cristo. Su lugar debe ser preparado para Él mediante nuestro reconocimiento de tres mundos interpenetrantes. Luego se crea la posibilidad de poder decir: Puede ser que en este mundo de los sentidos todo esté relacionado a través de la ley de causa y efecto como lo mantiene la ciencia natural, pero otro mundo permea este, y a este otro mundo pertenece todo lo que ha sucedido en el mundo que tiene conexión con el Misterio del Gólgota.

En nuestros tiempos, cuando el deseo de comprender estos asuntos se hace más y más evidente, es importante darse cuenta de que este entendimiento debe buscarse mediante el reconocimiento de estos tres mundos interpenetrantes, que existen simultáneamente y son completamente diferentes entre sí. Esto significa que no debemos buscar solo un sistema de leyes, sino tres; y debemos buscarlos dentro del Hombre mismo.

Si consideran bien lo que acabo de decir, verán que no servirá adoptar los métodos del sistema copernicano, y simplemente dibujar elipses destinadas a mostrar el camino de Saturno, Júpiter, Marte, Tierra, Venus y Mercurio y por último del Sol. Eso no es lo que se quiere en absoluto. Lo que se quiere es más bien mirar las leyes que están activas en los mundos que son físicamente perceptibles y ver cómo estas leyes son cruzadas por un conjunto de leyes completamente diferente; y que especialmente la Luna actual, en su movimiento, presenta algo que no está de ninguna manera conectado causalmente con el resto del Sistema Estelar, como sería el caso si la Luna fuera un miembro de ese Sistema, como los otros planetas. Sin embargo, la Luna debe referirse a un mundo completamente diferente, que está, por así decirlo, insertado en el nuestro, y que indica el proceso respiratorio de nuestro Universo, como el Sol indica la interpenetración de nuestro Universo por el Éter.

Antes de dedicarse a la Astronomía, uno debe educarse cualitativamente en lo que se mueve en el espacio, en las cosas que son interdependientes en el espacio. Porque uno debe tener muy claro que la materia del Sol y cualquier otra materia —materia terrestre por ejemplo— bajo ninguna circunstancia pueden estar en una relación simple; porque la materia del Sol es, en comparación con la materia de la Tierra, algo absorbente y chupador, mientras que esta última ejerce presión. Los movimientos que se expresan en la nutación son movimientos que proceden del mundo astral, y no de nada que se pueda encontrar en los principios de Newton. Es precisamente este Newtonismo lo que nos ha llevado tan lejos en el materialismo, porque se apodera de las abstracciones más extremas. Habla de una fuerza de gravitación. El Sol, dice, atrae a la Tierra, o la Tierra atrae a la Luna; existe una fuerza de atracción entre estos cuerpos, como un cable invisible. Pero si realmente no existiera más que esta fuerza de atracción, no habría causa para que la Luna gire alrededor de la Tierra, o la Tierra alrededor del Sol; la Luna simplemente caería sobre la Tierra. Esto habría sucedido hace siglos, si solo la gravedad estuviera actuando; o la Tierra habría caído en el Sol. Por lo tanto, es completamente imposible para nosotros buscar solamente en la gravedad los medios para explicar los movimientos imaginados o reales de los cuerpos celestes. Entonces, ¿qué hacen? ¡Veamos! Aquí tenemos un Planeta imbuido con un deseo constante de caer en el Sol —supongamos que fuéramos a tener solo la ley de la gravedad. Pero ahora supongamos que a este planeta se le ha dado en algún momento u otro otra fuerza, una fuerza tangencial. Este impulso actúa con tal y tal potencia, y la fuerza de gravedad actúa al mismo tiempo con tal y tal potencia, de modo que finalmente el planeta no cae en el Sol, sino que tiene que moverse a lo largo de una línea resultante de ambas fuerzas.

Ves que la teoría de Newton encuentra necesario asumir algún tipo de impulso original, algún tipo de primer empuje en el caso de cada planeta, de cada cuerpo celeste en movimiento. Siempre debe haber algún Dios extramundano en alguna parte, que da este impulso, que otorga esta fuerza tangencial. Esto siempre se presupone; y recuerda, esta suposición se hizo en un momento en que habíamos perdido toda idea de llevar lo material y lo espiritual a algún tipo de conexión, cuando éramos incapaces de concebir algo más que un 'empuje' perfectamente externo.

Aquí tenemos un ejemplo de la incapacidad del materialismo para entender la materia. He llamado repetidamente su atención sobre esto últimamente. Sigue, por lo tanto, que el materialismo también es incapaz de entender los movimientos de la materia, y está obligado a dar una explicación completamente antropomórfica de ellos, imaginando a Dios como un ser con atributos totalmente humanos, que simplemente da a la Luna un empuje y a la Tierra un empuje. La Tierra y la Luna entonces se 'atraen' entre sí —y he aquí, de estas dos fuerzas, el empuje y la atracción, tenemos sus movimientos en los cielos.

Es de ideas de este tipo que se construye hoy el sistema solar. Pero para obtener una comprensión real del Universo es absolutamente necesario buscar la conexión entre lo que vive en el Hombre, y lo que vive en el Macrocosmo. Porque el Hombre es un verdadero Microcosmos en el Macrocosmos. De esto hablaremos más mañana.

Conferencia Cinco: La Dinámica Cósmica y su Reflejo en la Formación Humana

Nuestros estudios de los últimos días habrán dejado claro para ustedes que es completamente imposible contemplar la configuración del Universo espacial y sus movimientos de la manera en que lo hace la ciencia moderna. Porque no solo se considera al Universo como completamente separado del Hombre, sino que incluso los cuerpos celestes separados, que aparecen a nuestra vista como desconectados entre sí, son tratados cada uno como aislados, y luego en su aislamiento se observan sus efectos mutuos. Es lo mismo que si, por ejemplo, estudiáramos el organismo humano examinando primero un brazo y luego una pierna, para luego entender el organismo completo a partir de cómo trabajan juntos los miembros individuales. Pero el hecho es que no es posible comprender el organismo humano estudiando sus miembros individuales; sino que toda investigación del cuerpo humano debe tener su punto de partida en el todo, a partir del cual podemos proceder a las partes separadas.

Lo mismo se aplica al sistema solar, y también al sistema solar en su relación con todo el Universo estelar visible. Porque el Sol, la Luna, la Tierra y otros planetas son solo partes del sistema completo. ¿Por qué debería considerarse al Sol, por ejemplo, como un cuerpo aislado? No hay absolutamente ninguna razón para imaginar que el Sol está simplemente donde lo vemos, limitado por los límites dentro de los cuales nuestros ojos lo perciben. En este sentido, el filósofo Schelling estaba completamente correcto cuando se negaba a hacer la pregunta: "¿Dónde está el Sol?" con otro significado que no fuera "¿Dónde se siente su influencia?" Si el Sol actúa sobre la Tierra, los efectos de tal actividad deben pertenecer necesariamente a la esfera del Sol; y es muy incorrecto extraer una parte de un todo y estudiar esa parte por sí misma. Pero esto es precisamente lo que la concepción materialista moderna del Universo se ha propuesto hacer, y su influencia ha crecido cada vez más desde mediados del siglo XV. Contra esto luchó siempre Goethe, cuando estaba vivo, en sus trabajos en el reino de la ciencia natural, y contra esto deben luchar también todos los verdaderos seguidores de su ciencia. Goethe se vio obligado a llamar la atención sobre el hecho de que no debemos estudiar la Naturaleza sin el Hombre, sin tener en cuenta la relación de la Naturaleza con el Hombre. El estudio de los fenómenos naturales fuera del Hombre debe tener su base en la comprensión de la naturaleza del Hombre.

El siguiente ejemplo les mostrará el valor de algunas de las afirmaciones hechas por la Astronomía moderna. La Astronomía moderna se esfuerza, con el uso de todo tipo de argumentos, en hablar de una órbita elíptica de la Tierra alrededor del Sol; afirmando que este movimiento fue en primer lugar iniciado por esa propulsión tangencial de la que hablé ayer en relación con la atracción gravitatoria del Sol. Pero la Astronomía no puede, y no lo hace, negar el hecho de que al hablar de atracción, no solo el Sol atrae a la Tierra, sino que la Tierra también debe atraer al Sol. Sin embargo, esto nos obliga a concluir que no podemos hablar de una revolución en una órbita elíptica de la Tierra alrededor del Sol, porque si la atracción es mutua no podemos tener un movimiento unilateral de la Tierra alrededor del Sol, sino que ambos deben girar alrededor de un punto neutral. En otras palabras, esta revolución no puede tener lugar de una manera que nos permita considerar el centro del Sol como el pivote, sino que el pivote debe ser un punto neutral situado entre el centro del Sol y el centro de la Tierra. Al decirles esto no estoy planteando objeciones a la Astronomía, simplemente les estoy diciendo lo que pueden encontrar ustedes mismos en libros astronómicos. Así que estamos obligados a admitir la existencia, de alguna manera u otra, de un pivote entre las dos esferas.

Nuestra Astronomía, como consuelo, mantiene que este pivote o punto yace dentro del propio Sol. Tanto la Tierra como el Sol, entonces, giran alrededor de este punto. Y así, una vez más, no obtenemos una revolución directa de la Tierra alrededor del Sol, sino que el Sol también gira, aunque girando alrededor de un punto situado dentro de sí mismo. Así que la Astronomía exotérica ha llegado hasta ahora a asumir como pivote un punto que no es el centro del Sol, sino que yace en la línea que conecta al Sol y la Tierra, aunque aún dentro del Sol. Pero ahora nos encontramos con otra dificultad. Primero debemos calcular el tamaño del Sol. (La verdad de la suposición anterior depende del tamaño calculado del Sol.) Sobre el resultado de dicho cálculo se construye una conclusión que debe poseer, por supuesto, una cierta validez limitada (los cálculos se hacen a partir de evidencia de los sentidos), pero que no necesariamente debe ser el criterio por el cual juzgamos el ser real de lo que yace detrás de los fenómenos de la naturaleza.

Así que es necesario mantener un estricto control sobre la Astronomía moderna, así como sobre otras ciencias, para discernir los lugares —y son numerosos— donde la ciencia se excede a sí misma y se mete en dificultades.

Esta dificultad no puede resolverse estudiando el aspecto exterior de los fenómenos; solo podemos llegar a un resultado verdadero examinando el Universo en su relación con el Hombre. Debemos, en primer lugar, tomar nota de las conexiones previamente explicadas entre el Universo y el Hombre; y luego debemos agregar muchos otros hechos, antes de poder producir un cuadro del mundo perfectamente verdadero. Hemos dicho antes que debemos imaginar, en primer lugar, la materia ponderable ordinaria —materia que puede ser pesada. La luz no podemos pesarla; no pertenece al reino de la materia ponderable, tampoco lo hace el calor. Primero entonces, debemos imaginar lo ponderable, luego debemos oponer a esto el éter. Dijimos que es incorrecto considerar al Sol como consistente en materia ponderable como la materia de la Tierra. El Sol es algo que en realidad es menos que el espacio —por así decirlo, un 'ahuecamiento' del espacio; es algo que absorbe, en contraposición a la presión de la materia ponderable.

Y no solo tenemos una agregación (en el Sol) de este éter absorbente en el Universo exterior, sino que también tenemos el hecho de que este éter está distribuido por todas partes. En todas partes encontramos, coexistiendo con la fuerza de presión, la fuerza absorbente. Nosotros mismos llevamos esta fuerza de succión en nuestros propios cuerpos etéricos.

Con esto agotamos por completo todo lo que llamamos Espacio. Presión y Succión —estos dos, encontramos en el Espacio. Pero no solo poseemos nuestro cuerpo físico, compuesto de materia ponderable que asimila y vuelve a expulsar, no solo tenemos también un cuerpo etérico, compuesto de éter absorbente, sino que tenemos además un cuerpo astral —si podemos usar el término 'cuerpo' en esta conexión. ¿Qué implica la posesión de este tercer cuerpo? Significa que tenemos dentro de nosotros algo que ya no es espacial, aunque tiene una cierta relación con el espacio. Esta relación se puede demostrar cuando nos damos cuenta de que durante las horas de vigilia el cuerpo astral penetra los cuerpos etérico y físico. Pero el cuerpo etérico actúa de manera muy diferente cuando estamos despiertos y cuando dormimos. Se establece una relación diferente entre el cuerpo etérico y el físico cuando nos despertamos, y esto es causado por el cuerpo astral. Está activo y trabaja sobre lo espacial, aunque no es espacial en sí mismo. Trae orden y organización a las correlaciones del espacio. Esta actividad organizadora del cuerpo astral dentro de nosotros también tiene lugar en el Universo exterior, donde se manifiesta de la siguiente manera.

Traten por un momento de considerar solo el Espacio, y de todo el Cielo visible, consideremos las regiones que están indicadas por el Zodíaco. No pretendo aquí tratar detalladamente los varios signos zodiacales, pero consideremos las direcciones hacia las que miramos en el cielo cuando nos dirigimos, por ejemplo, hacia Aries (Carnero), en el Zodíaco; luego Tauro, Géminis, Cáncer, Leo, Virgo, Libra, Escorpio, Sagitario, Capricornio, Acuario y Piscis. Todo lo que tenemos que notar, en primer lugar, es que el espacio que yace ante nosotros como nuestro Universo visible está dividido de esta manera. Los signos solo indican la división, en la medida en que cada uno de ellos denota el límite de una cierta sección del Espacio.

Ahora no debemos imaginar que estas direcciones del espacio puedan tratarse de tal manera que uno pueda decir: 'Aquí hay espacio vacío, y simplemente trazo una línea en algún lugar dentro de él'.

Simplemente no existe tal cosa como lo que las matemáticas llaman 'Espacio'; sino que en todas partes hay líneas de fuerza, direcciones de fuerza, y estas no son iguales, varían, están diferenciadas. Podemos distinguir entre estas doce regiones al darnos cuenta de que si nos volvemos en dirección al signo Aries, la fuerza que experimentamos es diferente a la que sería si nos enfrentáramos al signo Libra o Cáncer. En cada dirección la fuerza difiere. El hombre no admitirá esto, mientras viva meramente en el mundo de los sentidos; pero tan pronto como asciende a la vida Imaginativa del alma, ya no experimenta las direcciones en el espacio como iguales al enfrentar Aries o Cáncer, sino que siente su influencia sobre él como muy diferenciada.

Para darles un paralelo, podría presentarles lo siguiente. Imaginen que disponen alrededor de ustedes un círculo de doce personas de tal manera que aquellas más simpáticas ocupan una parte del círculo, luego vienen las menos simpáticas, hasta que en el otro lado están todos aquellos que les resultan antipáticos. (No estamos imaginando que el grado de simpatía o antipatía resulte de alguna emoción personal; puede ser simplemente una cuestión de apariencias exteriores.) Ahora, si se vuelven dentro del círculo, pasarán doce imágenes frente a su visión y al mismo tiempo experimentarán una serie graduada de sensaciones diferenciadas. El hombre se da cuenta de tal serie de sensaciones si, después de alcanzar la percepción Imaginativa, se mueve dentro del Zodíaco. Una gradación similar de sensación, una gradación similar de visión se produce en él, y tiene lugar dentro de él en el momento en que escapa de la indiferencia de la existencia sensorial ordinaria. Así que cuando estamos tratando con estas diversas secciones del espacio no hay uniformidad, porque debemos darnos cuenta de que cada una de estas direcciones ejerce una influencia diferente sobre nosotros.

Vean, aquí viene a la luz un hecho íntimamente relacionado con toda la evolución del Hombre. Si hubiera permanecido en la etapa de la antigua conciencia, la conciencia pictórica atávica, aún experimentaría fuertemente la actualidad de esta diferenciación en las diversas secciones de los cielos; habría sido consciente de una sensación de simpatía hacia una dirección del Espacio y de antipatía hacia otra. Sin embargo, el Hombre ha sido liberado de este juego de fuerzas con el que en algún momento estuvo conscientemente rodeado, y ha sido liberado de él precisamente a través del hecho de que su organización actual lo ha colocado en el mundo sensorial. Pero que el Hombre está realmente organizado de acuerdo con las leyes cósmicas aún puede probarse ahora, y por medio de experimentos bastante externos, si se presta atención a ciertos fenómenos. Porque de ninguna manera es una tontería decir que ciertas enfermedades pueden curarse más rápidamente si la cama del paciente se coloca en la dirección de Este a Oeste. No es una superstición, sino un hecho susceptible de prueba definitiva. Pero esto no está destinado como una recomendación para que cada uno de ustedes coloque su cama en una posición particular. ¡He tenido tantas experiencias en esta dirección, que siento necesario interrumpir aquí con una palabra de advertencia! Me sucedió en Berlín, por ejemplo, que al final de un discurso antroposófico, puse cierto énfasis en el hecho de poder ponerme las botas de agua cuando estaba lloviendo, sin sentarme, diciendo que esto se podía hacer primero parándome sobre una pierna y luego sobre la otra, y agregué '¡Y uno debería poder pararse sobre una pierna!' Algunos antroposofistas lo interpretaron de tal manera que encontré, al regresar de Londres a Berlín, que a los miembros de la Sociedad Antroposófica allí se les estaba recomendando, como entrenamiento esotérico, pararse sobre una pierna durante un corto tiempo a medianoche. Muchas afirmaciones hechas sobre nosotros tienen igualmente una base sólida. Una y otra vez se dicen cosas de este tipo y luego encuentran su camino en este o aquel artículo de periódico por la pluma de alguna persona bien o mal dispuesta —generalmente esta última. Así que repito, no tengo ningún deseo de recomendarles a cada uno que coloquen su cama en una posición particular. Sin embargo, este hecho y muchos otros muestran que incluso hoy, en la parte interna o subconsciente de su ser, el Hombre aún se encuentra en una cierta relación con estas diferenciaciones espaciales exteriores, en las que ha sido colocado.

Ahora, ¿a través de qué medios posee el Hombre estas relaciones? Las posee a través de su cuerpo astral, que establece estas relaciones. Solo son posibles para él porque a través de su cuerpo astral el Hombre es un habitante de un mundo astral, un mundo que aunque actúa sobre el Espacio no es en sí mismo espacial. Solo concebimos el Zodíaco en su pleno significado cuando lo tratamos como el representante del mundo astral más allá.

Y ahora, sin tener en cuenta las teorías astronómicas actuales, examinemos estos fenómenos que aparecen ante nuestro sentido de la visión. Sabemos que ya sea real o aparentemente, el Sol pasa a través del Zodíaco de diversas maneras; en su curso diario, en su curso anual, y nuevamente en su curso a través del año platónico, a través de la precesión de los equinoccios. Esto señala el hecho de que los efectos sobre nosotros de esa bola absorbente de éter llamada Sol varían mucho, ya que provienen de las diferentes direcciones del Espacio. En un momento dado, las obras del Sol nos impactan desde una parte que llamamos Aries, en otro momento desde una sección diferente, y así sucesivamente.

Tomando el caso de un habitante de nuestra propia parte del globo, podemos ver que en cualquier momento dado él tiene frente a él la mitad de los signos zodiacales, mientras que la otra mitad está oscurecida por la Tierra. En otras palabras, estamos ubicados de tal manera con respecto a esta diferenciación del Espacio, que estamos directamente orientados hacia una parte del Zodíaco mientras que entre la otra y nosotros está la Tierra. Obviamente esto no tiene nada que ver ni con un movimiento real ni aparente; es un hecho simple que en cualquier momento dado enfrentamos una parte del Zodíaco, mientras que la otra parte es interceptada por la Tierra. Ahora, por favor, intenten imaginar estas secciones del espacio con nuestra Tierra oscureciendo algunas de ellas. ¿Qué significa esto para nosotros? Es evidente que una mitad nos influenciará directamente, mientras que la otra no directamente, sino más bien, ¿debería decir, a través de su ausencia? En un momento dado tenemos la obra directa de estas regiones diferenciadas del espacio, en otro momento la obra de su ausencia, el efecto, por así decirlo, de su no-presencia. Este hecho es algo que está activo dentro de nosotros y nos permite, hasta cierto punto, establecer una especie de relación con lo que está actuando directamente sobre nosotros y lo que está ausente, de cuya influencia directa estamos alejados. Porque abre otra posibilidad.

Digamos que desde la dirección del Signo Cáncer procede cierto tipo de influencia. Esta sería opuesta por una influencia de Capricornio, pero esta última se elimina, se intercepta. En consecuencia, tengo en mí la influencia de Cáncer y, en oposición a ella, la influencia capricorniana interceptada; la influencia de Cáncer queda así, en cierto sentido, en mí, puesta en mis manos, por así decirlo. Por supuesto, lo que está ausente no puede actuar sobre mí de la misma manera que lo que está presente; pero gano una cierta influencia en lo que respecta al Signo que actúa sobre mí debido a la oposición a su antítesis interceptada. A través del hecho de que estoy sobre la Tierra, las influencias celestiales se vuelven completamente diferentes a lo que serían si estuviera flotando libremente en el Espacio y expuesto directamente a todas ellas.

Quiero que noten este punto especialmente, y entonces se darán cuenta de que no pueden simplemente decir: Encima de nosotros tenemos los Signos Aries, Piscis, Acuario, etc., y debajo Libra, Virgo, y así sucesivamente, sino que tendrán que concebir el conjunto como una organización, con ustedes mismos enganchados en ella. Y mientras avanzan, debido a la revolución de la Tierra, de signo en signo, están siendo llevados a través de todas estas influencias directas a su vez. Aquí en un punto, la influencia de Escorpio fue eliminada de ustedes, y allí en otro punto han sido llevados a ella. Una analogía es tomar alimento; tenían hambre, el alimento no estaba dentro de ustedes, pero después de la comida el alimento está presente dentro de ustedes. La influencia de Escorpio estaba ausente aquí, pero en este otro punto se volvió activa. Y así establecemos conexiones con el Cosmos circundante a medida que entramos en diferentes relaciones con él a través del movimiento de la Tierra. Pero ¿está el Hombre consciente de estas influencias variables, mientras aún está en el plano físico? No, no lo está; hemos visto que el mundo físico lo aleja de ellas. Pero en el momento en que se retira con su cuerpo astral y Ego de sus cuerpos físico y etérico, se encuentra dentro de estas fuerzas; actúan directa y poderosamente sobre él. Estas influencias celestiales extraterrenales luego arremeten contra esa parte del Hombre que ya no está conectada con lo físico y etérico; actúan sobre ella tan poderosamente como el alimento sobre el cuerpo físico. Es precisamente este descenso al físico lo que causa la retirada del Hombre de estas influencias externas. Por lo tanto, podemos considerar al cuerpo astral como siendo en cierto sentido parte del Universo celestial, y no del Universo terrenal, porque cuando, junto con el Ego, está fuera del cuerpo físico, tenemos que coordinarlo con las influencias no terrenales.

Al considerar el asunto de esta manera, gradualmente llegamos a la conclusión de que el Hombre se vuelve receptivo a estas fuerzas celestiales en la medida en que deja de actuar a través de los órganos de su cuerpo físico —es decir, cuando está, a través de esta no-actividad, más o menos en un estado de sueño. El Hombre como niño siempre está más o menos dormido, por lo tanto, el niño es mucho más receptivo a las influencias celestiales que el hombre. A medida que crece, se adentra cada vez más en las condiciones terrenales. Durante la infancia, todo lo que está dentro de la piel aún está plástico y en estado de formación. Los poderes formativos se vuelven cada vez menos activos con los años, hasta que, en un punto considerablemente más tardío en la vida, se vuelven muy pequeños en verdad. Esto muestra que el proceso interno de formación física está en cierta relación con los movimientos y configuraciones del Universo celestial exterior. Pero la parte de nuestro ser que, en lo que respecta a la conciencia, permanece en un estado continuo de sueño —como nuestra actividad cardíaca, nuestros procesos digestivos, etc.; de hecho, todos los procesos físicos internos—, toda esta parte de nuestro ser permanece bajo las influencias de lo suprafísico durante toda nuestra vida. (Estos procesos se inducen de la misma manera que el proceso que ocurre cuando doy un paso adelante conscientemente, solo que todos están dirigidos hacia adentro en lugar de hacia afuera).

Tomemos un ejemplo característico. Mediante los movimientos internos de los intestinos, el quimo es impulsado más adelante en su camino. Estos son movimientos internos dentro del límite de la piel humana, y por lo tanto, como hemos dicho, dependen de lo que está más allá de la Tierra. Fundamentalmente, el Hombre como Hombre depende solo de lo terrestre, de la materia ponderable terrestre, en todo lo que le afecta desde fuera de su piel. Pero en el momento en que cualquier acto externo o circunstancia se traduce en actividad dentro de la piel, entonces comienza en su organismo una actividad relacionada con lo supra-sensible.

Cuando tomas un trozo de azúcar en la palma de tu mano, sientes su peso físicamente, lo llevas a tus labios; el proceso sigue siendo físico. Pero tan pronto como lo disuelves en la lengua y entra en la esfera del gusto, ya no permanece dentro del alcance de los procesos terrenales sino que queda sujeto a fuerzas extra-terrenales.

Para encontrar el funcionamiento de lo extra-terrenal, debemos penetrar en lo que está encerrado dentro de la piel humana. Esto te llevará a la realización del hecho de que mientras andas por el mundo, llevando contigo, por así decirlo, todo tu ser, estás en el reino de lo terrenal. Pero tan pronto como entras, incluso solo dentro de la organización física, ya no estás en el reino de lo terrenal, sino que has entrado en una esfera dependiente de fuerzas extraterrenales. Puedes comprobar fácilmente por ti mismo el hecho de que dentro de ti reside algo que no se fusiona con la existencia terrenal, si llevas tu memoria de vuelta al hecho repetido con frecuencia, de que el cerebro humano flota en el líquido meníngeo. Si esto no fuera así, la presión del cerebro sobre los órganos situados en el suelo del cráneo aplastaría todos los vasos sanguíneos. Cualquier libro de texto que trate estos asuntos te dirá el peso del cerebro. Si tu elección es un 'Bischoff', notarás que afirma que el cerebro femenino es mucho más ligero que el de un hombre, afirmación que resultó absurda más tarde, para deleite de las damas, cuando se descubrió, tras un examen, que el cerebro de Bischoff mismo resultó ser bastante menos pesado que el cerebro femenino más ligero examinado por él. Esto es solo a modo de ejemplo del valor general de los juicios humanos.

El cerebro humano, sin embargo, poseyendo como lo hace un peso considerable — al menos de 1,200 a 1,300 gramos — no ejerce una presión en nada parecida a su peso real, sino solo, podríamos decir, un peso de unas pocas gramos, debido a la presión ascendente del líquido meníngeo. Recuerdas la ley de Arquímedes, según la cual el peso de un objeto se reduce por el peso del agua que desplaza. Por lo tanto, la presión del cerebro es igual solo a unas pocas gramos porque flota en un líquido. Si tuviera tendencia a presionar hacia abajo con todo su peso, el Hombre no podría usar su cerebro para pensar. Supera su peso porque flota en líquido. No pensamos con la materia del cerebro, sino con lo que se retira de la materia, con las fuerzas que se esfuerzan hacia arriba, con lo que crece más allá de la Tierra. Y debemos seguir esto en todas las partes de la organización del Hombre. Así como nos retiramos interiormente de las fuerzas de la gravedad terrestre en el caso del peso del cerebro (exteriormente, por supuesto, esto es imposible, el cerebro en la balanza muestra su peso completo, incluso mientras está dentro de nosotros), así también nos separamos de las fuerzas físicas y químicas terrestres de otros tipos.

¿Qué nos permite separarnos de estas fuerzas? Es el Ego y el cuerpo astral. Tan pronto como estos actúan sobre los cuerpos etérico y físico de tal manera que retiran lo etérico de lo físico, la fuerza absorbente entonces está ausente, y solo queda materia ponderable. La materia ponderable no es parte de la Tierra, ya que la Tierra no la retiene en su forma original, sino que la destruye. Las fuerzas terrenales no contienen en sí mismas lo que le da al Hombre su forma. Eso no es difícil de comprender, porque hemos visto que nos separamos interiormente de las fuerzas terrenales. Con todo lo que está en él a través de su cuerpo astral y Ego, el hombre está relacionado con fuerzas que están activas más allá de la Tierra.

Nuestra próxima pregunta debe ser: ¿Cuál es la

naturaleza de esta relación? Para averiguar esto, debemos estudiar de cierta manera la calidad y naturaleza completa del Hombre. Encontramos en primer lugar su forma completa o figura. No me refiero a la forma que dibujaría si hiciera un boceto de él, sino a toda la configuración, toda la formación del Hombre. Incluiría, por ejemplo, el hecho de que los ojos están colocados en la cara y los talones en los pies; porque esto es parte de la configuración interna del Hombre de acuerdo con la ley.

Los pintores expresionistas pueden afirmar que el Hombre podría ser dibujado de tal manera que su dedo del pie tome el lugar de su nariz, o que un ojo se coloque aquí y el otro en su mano. Sí, realmente hay tales personas, pero solo muestran cuán poca relación interna tienen con el mundo. De hecho, hemos progresado hasta el día de hoy en el pensamiento materialista al punto de poder representar cosas individuales por separado, cuando realmente pertenecen junto con el todo y no deberían ser representadas cada una por sí misma.

Por lo tanto, primero tenemos la forma completa del Hombre; y esto, como bien sabes, no se produce como una figura que, por ejemplo, se talla en madera, sino que se forma desde dentro. Ni siquiera podemos esculpir nuevamente alguna parte que no cumpla con nuestra aprobación. La forma humana es modelada por fuerzas que residen en la periferia y son fuerzas de más allá de la Tierra. Por lo tanto, cuando contemplamos una forma humana, estamos viendo un producto de lo extraterrenal.

En segundo lugar, podemos distinguir en el Hombre, aparte de su forma, todo lo que entra en la categoría de movimiento interno. Toma, por ejemplo, la sangre y los otros jugos corporales; estos poseen movimiento interno. Esto también se produce desde dentro; es, por así decirlo, situado incluso más profundamente en el Hombre que su forma. La última avanza hacia la periferia, mientras que el movimiento interno se lleva a cabo totalmente dentro; y nuevamente es un proceso que está en relación con el mundo que está más allá de la Tierra.

En tercer lugar, la actividad de los órganos. Órganos como los pulmones, el hígado, el bazo, etc., son responsables de actividades dentro del Hombre, y son estas actividades las que nombraré como la tercera cosa que encontramos en el Hombre. Esto no debería causarte ninguna sorpresa, más bien debería llevarte a buscar la razón.

Considera, por ejemplo, un órgano importante, a saber, el corazón, del cual he hablado recientemente repetidamente. Nos damos cuenta de que en cierto sentido, el corazón ha sido soldado junto.

Siguiendo la embriología, encontramos cómo el corazón se va soldando gradualmente o apilando, por así decirlo, por la circulación sanguínea, y no es una forma primaria. Esto es verificado por la embriología. Y es lo mismo con otros órganos. Son los resultados de estas circulaciones, en lugar de las causas de ellas. Dentro de los órganos, la circulación se detiene, sufre una especie de metamorfosis, y continúa de una manera diferente. Para ilustrar la idea, digamos que tenemos un arroyo de agua cayendo sobre una roca. Arroja una variedad de formaciones y luego fluye. Estas formaciones son causadas por las fuerzas de equilibrio y movimiento en este lugar. Ahora imagina que de repente todo esto se petrificara; se formaría una piel como una pared, luego el resto fluiría de nuevo, y tendríamos una estructura orgánica formada. Tendríamos la corriente atravesando la estructura saliendo de nuevo y fluyendo más adelante de una manera alterada. Puedes imaginar algo así en el caso del flujo de sangre, mientras circula por el corazón. Solo puedo indicar estas cosas aquí. Están bien fundamentadas, pero aquí solo puedo dar una indicación de ellas.

Aunque los órganos en la forma de su formación dependen del flujo de fuerzas internas, sin embargo, son algo en la parte interna del Hombre que nuevamente entra en relación con lo que está afuera. Aquí tenemos algo que, como pueden ver en un ejemplo que daré, se encuentra en una relación más estrecha con lo Terrenal; a través de estos órganos somos llevados desde el interior hacia el exterior.

Toma el caso de los pulmones. Los pulmones son órganos, pero al mismo tiempo son la base de la respiración. Como instrumento para la transmutación del oxígeno inhalado en ácido carbónico exhalado, los pulmones forman una relación con algo que tiene importancia para el Hombre, pero que existe fuera de él en el reino de lo Terrenal. De esta manera regresamos, por así decirlo, al entorno terrestre a través de las actividades orgánicas. En el momento en que traspasamos, a través de la actividad orgánica, el límite de nuestra piel, estamos afuera, en la esfera terrestre. Ves, todos estos procesos que ocurren completamente dentro de nosotros, la formación y regulación de movimientos fluidos, etc., están en relación con lo extraterrenal; mientras que cuando llegamos a los órganos, nuevamente nos acercamos a lo terrenal. Aquí tenemos la unión del Cielo y la Tierra en el Hombre. Los pulmones están construidos por lo extraterrenal, pero lo que hacen con el oxígeno los lleva a estar en relación con lo Terrenal. Y ahora, cuando el Hombre toma aún más sustancias terrenales y las recibe en su organismo, entra en contacto inmediato, a través del proceso de metabolismo, con lo verdaderamente Terrenal.

Así que podemos estudiar al hombre desde cuatro puntos de vista diferentes: Forma Completa, en la medida en que esta se construye de adentro hacia afuera; Movimiento Interno, Actividad Orgánica y Metabolismo. Si estudiamos la forma completa, que está completamente construida por fuerzas internas, encontramos que tiene la menor conexión de todas con lo Terrenal. Este punto se explicará más mañana. Solo comenzamos a comprender la conexión cuando relacionamos, como lo haremos mañana, la forma completa del Hombre con el Zodíaco. El movimiento interno, la circulación de la sangre, la linfa, etc., solo puede ser concebido en su realidad, cuando se relaciona con nuestro sistema planetario. Y cuando llegamos a la actividad de los órganos, ya nos estamos acercando a lo terrenal.

Te di el ejemplo de los pulmones, que, en cuanto a su construcción interna, son formados por fuerzas extraterrenales, pero donde entran en relación con el oxígeno, están en relación con el aire. Otros órganos humanos entran en relación con el agua, otros nuevamente con el calor, etc. Por lo tanto, al estudiar la actividad de los órganos, entramos en contacto con el mundo Elemental —con fuego, agua, aire. Solo cuando nuestras observaciones se centran en la asimilación real, o metabolismo, estamos en la esfera de lo Terrenal. El mundo Elemental es aquel que abarca la Tierra como la esfera del agua y del aire, y solo cuando encontramos el proceso de metabolismo, nos acercamos a la relación del Hombre con la Tierra misma. De esta manera podemos descubrir la relación del Hombre con el Universo que lo rodea.

Zodíaco: (1) Forma Completa

Mundo de los Planetas: (2) Movimientos Internos

Mundo de los Elementos: (3) Actividad de los Órganos

Tierra: (4) Metabolismo

Y ahora considera, si entendemos la forma del Hombre en toda su naturaleza y condiciones, y encontramos la posibilidad de rastrearla hasta el Zodíaco —es decir, al mundo de las estrellas fijas— entonces y solo entonces podemos formar, a partir del Hombre, una idea de todo lo que es visible para nosotros en el espacio circundante; pues no puede ser investigado por medios mecánicos o matemáticos, sino solo a través de un conocimiento de la forma completa del Hombre. Tampoco los movimientos planetarios deben examinarse meramente mediante un telescopio. Con un telescopio se encuentran sus posiciones —ajustándolo primero a una estrella y luego a la otra, encontrando el ángulo, y de esta manera descubriendo las posiciones. Lo que está realmente presente en los procesos del Mundo de los Planetas es algo que se forma de adentro hacia afuera. Es mediante un estudio de las actividades en las savias y jugos en el Hombre que aprenderemos a entender las actividades planetarias. De manera similar, si comprendemos nuestras propias actividades orgánicas, también entenderemos lo que sucede en el mundo Elemental; y cuando seamos capaces de entender lo que ocurre en el Hombre en el momento en que se introduce sustancia terrenal en su sistema metabólico, poseeremos la clave de las actividades terrenales, y podremos separarlas espacialmente de todas las actividades extraterrenales.

Conferencia Seis: De la Formación al Metabolismo

Hemos visto que debemos buscar una armonía entre los procesos que tienen lugar en y con el Hombre, y los procesos que tienen lugar en el Universo exterior. Recordemos brevemente el punto al que nos llevó nuestro estudio de ayer. Dijimos que el Hombre debía ser considerado, en primer lugar, desde cuatro puntos de vista. En primer lugar, desde el punto de vista de las fuerzas que son responsables de su forma; en segundo lugar, desde lo que comprende todas las fuerzas que se expresan en la circulación de la sangre, la linfa, etc., en resumen, las fuerzas del movimiento interno. (Ya saben que las fuerzas formativas están en gran medida en estado de reposo en el hombre adulto completamente desarrollado, mientras que el movimiento interno está en un estado de flujo continuo). En tercer lugar, tenemos las fuerzas orgánicas, y en cuarto lugar, el metabolismo real.

Para empezar, debemos considerar todo lo que tiene conexión con las fuerzas formativas. Estas son las fuerzas que trabajan hacia afuera desde adentro hasta que alcanzan la periferia más externa, los límites de la circunferencia del hombre. Si formáramos una silueta del hombre, vista como si fuera desde todos los lados, comprenderíamos y encerraríamos las extremidades más externas de las actividades resultantes de estas fuerzas internas, que construyen desde adentro hacia afuera.

Ahora no debería ser difícil entender que estas fuerzas de formación deben estar conectadas con otras fuerzas, que, como ellas, pertenecen a la periferia del hombre, y deben descubrirse allí. Estas últimas son las fuerzas que tienen sus actividades en los sentidos. Los sentidos del hombre yacen, como saben, en la periferia. Por supuesto, están distribuidos sobre ella y diferenciados, pero para entrar en contacto con las fuerzas que actúan en los sentidos, debes buscarlas en la periferia, y esto nos justifica en decir que las fuerzas formativas deben tener una conexión con la actividad de los sentidos.

Quizás entenderemos este punto mejor si recordamos las palabras que Goethe cita como pronunciadas por uno de los antiguos místicos.

"Si el ojo no fuera como el Sol en sí mismo,

¿Cómo podríamos ver el Sol?"

Ahora no puede ser la actividad luminosa que nos rodea todo el tiempo lo que se quiere decir cuando se dice que el ojo es parecido al sol o a la luz, ya que esta actividad luminosa solo puede ser percibida por el ojo cuando el ojo está completamente formado. Por lo tanto, no puede ser esto lo que se quiere decir cuando estamos hablando de la construcción del ojo. Debemos imaginar esta actividad luminosa como algo intrínsecamente diferente. Y es un hecho que llegamos a una cierta concepción de lo que subyace a este dicho, si seguimos al hombre durante el tiempo entre la muerte y un nuevo nacimiento. Durante este período, sus experiencias consisten en parte, pero por supuesto, solo en parte, en una percepción de la transformación gradual de las fuerzas dentro de él desde la vida física precedente hasta la nueva; y percibe cómo el hombre con miembros se transforma en la forma de cabeza en el tiempo entre la muerte y un nuevo nacimiento. Estas experiencias no son menos ricas en contenido que aquellas experiencias que vivimos en esta vida, cuando observamos el gradual despertar de las plantas en primavera y su decadencia en otoño, etc.

Todo este proceso de construcción que ocurre en el hombre en el tiempo entre la muerte y el renacimiento es una gran riqueza de eventos, una riqueza de acontecimientos reales que de ninguna manera son tan fáciles de comprender como la mera idea abstracta de ellos. Todo lo que ocurre durante este tiempo para efectuar la transformación de las fuerzas del hombre con miembros en las del hombre de cabeza para la nueva encarnación, es extraordinariamente diverso. El hombre mismo participa en el proceso. Experimenta, por ejemplo, algo similar a la construcción del ojo. Pero no lo experimenta de la misma manera que lo hizo durante el largo período evolutivo, cuando pasó por las diversas etapas evolutivas precedentes de nuestra Tierra, es decir, las de la Luna, el Sol y Saturno. Las fuerzas del Universo Estelar entonces actuaron sobre él de manera diferente.

Este Universo Estelar también estaba en una forma diferente de lo que está ahora.

Es de gran importancia formar ideas claras sobre estos asuntos. Si consideramos nuestras percepciones actuales de lo que nos rodea, ¿qué son? Son realmente imágenes. Detrás de estas imágenes, por supuesto, yace el mundo real; pero es el mundo que yace detrás de estas imágenes el que realmente construyó al hombre antes de que evolucionara lo suficiente como para poder percibir estas imágenes. Hoy percibimos con nuestros ojos las imágenes del mundo circundante. Detrás de estas yace lo que ha construido nuestros ojos. Esto nos lleva a la verdad: Si no fueran las fuerzas que residen detrás de la imagen del Sol las que construyeron el ojo, el ojo no podría percibir la imagen del Sol.

El dicho, ya ven, tiene que ser modificado, porque mientras que la percepción de la luz hoy en día da imágenes, lo que primero construyó los órganos en la periferia del hombre no fueron imágenes, sino realidades. Así que cuando miramos a nuestro alrededor en este mundo, lo que percibimos son realmente las fuerzas que nos han construido: nuestras propias fuerzas formativas. Ahora se han introducido en nosotros; lo que actuaba desde fuera hasta el período de la Tierra, ahora funciona desde dentro.

Conservaremos este pensamiento para nuestros estudios siguientes y ahora reuniremos las primeras y cuartas de estas fuerzas.

Fuerzas de la Forma.

Fuerzas de los Movimientos Internos.

Fuerzas Orgánicas.

Fuerzas Asimilativas, o metabólicas.

Consideremos, por el momento, la última nombrada. El proceso de metabolismo ya se ha vuelto en cierta medida irregular; pero todavía hay causas naturales que llevan al Hombre a mantener cierta regularidad al respecto; y todos ustedes saben que él se ve afectado si, por alguna razón, falla en el proceso rítmico de la asimilación. Puede desviarse de él dentro de ciertos límites, pero siempre se esfuerza por volver nuevamente a un cierto ritmo; y saben que este ritmo es uno de los primeros elementos esenciales para la salud física. Es un ritmo que abarca el día y la noche. Dentro de 24 horas, el proceso rítmico de metabolismo se completa. Veinticuatro horas después del desayuno, nuevamente tienes apetito por el desayuno. Todo lo que está conectado con la asimilación también está conectado con el curso del día. Ahora les pediría que comparen la solidez, la firmeza de la periferia corporal con la movilidad de las fuerzas de asimilación. Se puede decir que no se producen alteraciones en lo primero, mientras que la asimilación se repite cada 24 horas. Ocurre mucho dentro de tu organismo, pero tu periferia permanece inalterada. Ahora intenta descubrir, en el mundo exterior, algo que corresponda con esta movilidad interna en relación con la firmeza, que encuentras en el Hombre. Miren al Universo de las Estrellas. Observen cómo las constelaciones se mueven tan poco como lo hacen las partículas en la superficie de la periferia humana. Descubrirán que la constelación de Aries está siempre a una distancia fija de la constelación de Tauro, tal como tus dos ojos permanecen a la misma distancia el uno del otro. Pero aparentemente todo este cielo estelar se mueve; aparentemente gira alrededor de la Tierra. Bueno, en cuanto a esto, los hombres hoy ya no son ignorantes, saben que el movimiento es meramente aparente, y atribuyen su apariencia a una revolución de la Tierra sobre su propio eje.

Han sido muchos los intentos de encontrar pruebas de esta revolución de la Tierra sobre su eje. Realmente fue solo durante los años cincuenta del siglo pasado cuando el hombre comenzó a tener derecho a hablar de tal revolución, ya que solo entonces los experimentos del péndulo de Foucault mostraron esta rotación de la Tierra. No entraré en esto más a fondo hoy. Sin embargo, tenemos de esta manera una prueba válida de este proceso terrestre, que se repite cada 24 horas. Representa, en relación con las constelaciones fijas, la analogía del curso rítmico de metabolismo en el hombre en comparación con la naturaleza fija de su forma periférica; y aquí pueden encontrar, si examinan minuciosamente todas las condiciones y relaciones, evidencia exacta del movimiento de la Tierra en los procesos de metabolismo en el hombre.

En estos tiempos nos encontramos con varias llamadas

teorías de la relatividad que afirman que realmente no podemos hablar de movimiento absoluto. Si miro por la ventana de un vagón de tren y pienso que los objetos afuera se están moviendo, en realidad es el tren y yo los que nos estamos moviendo. ¡Tampoco se puede demostrar estrictamente que el mundo exterior no esté también moviéndose en dirección opuesta! Todo este tipo de conversación es, de hecho, de poco valor. Porque si un hombre camina hacia adelante y otro hombre se queda parado a lo lejos mientras se acerca, relativamente hablando, es inmaterial si dice: "Me acerco a él" o "él se acerca a mí". Visto de esta manera, parece no haber diferencia. Consideraciones como estas, como saben, forman los fundamentos de las teorías de la relatividad de Einstein.

Todo está muy bien, pero hay un modo mediante el cual se puede probar estrictamente el movimiento, porque la persona que permanece en reposo no experimentará fatiga, mientras que aquel que camina sí lo hará. Por medio de procesos internos, así se puede probar la realidad absoluta del movimiento; de hecho, no hay otras pruebas más que los procesos internos. Aplicando esto a la Tierra, podemos realmente hablar también allí de movimiento absoluto, porque a través de la Ciencia Espiritual aprendemos a comprender que este movimiento es el equivalente del movimiento interno del metabolismo en comparación con la forma fija del hombre. No deberíamos hacer tanto hincapié en el hecho de que la Tierra gira alrededor de su eje y con ello provoca un aparente movimiento solar en el espacio, sino que deberíamos relacionar este movimiento terrestre con todo el Universo Estelar; no deberíamos hablar de días solares, sino más bien de días estelares — que no son sinónimos, ya que el día estelar es más corto que el día solar. Siempre es necesaria una corrección en las fórmulas que tratan sobre el día solar. Por lo tanto, realmente podemos hablar de este movimiento de la Tierra sobre su eje como algo derivable de la naturaleza del Hombre; porque, como ya se señaló, con la revolución considerada en su relación con los cielos estrellados fijos está conectado el movimiento interno del metabolismo en el Hombre. En resumen, la relación del metabolismo en el Hombre con las fuerzas responsables de la forma del Hombre es la relación de la Tierra con el Cielo de las Estrellas Fijas, que este último está representado para nosotros por el Zodíaco.

Cuando miramos el Zodíaco, forma para nosotros el representante cósmico externo de nuestra propia forma exterior. Cuando consideramos la Tierra, tenemos ante nosotros el representante de las fuerzas asimilativas dentro de nosotros; y la relación de movimiento en cada caso corresponde.

Ahora será un poco más difícil encontrar la relación entre (2) y (3), entre Movimientos Internos y Fuerzas Orgánicas. Sin embargo, podemos hacer comprensible la materia de la siguiente manera. Si consideras los movimientos dentro del organismo humano, llegarás fácilmente a la conclusión de que son algo en el Hombre que de ninguna manera es tan fijo como su periferia externa. Están en movimiento. Pero algo más está conectado con este movimiento. Los movimientos incluyen el de la sangre, así como el del fluido nervioso, la linfa, etc. No necesitamos dar una lista detallada de ellos aquí, pero hay siete de estos movimientos internos. Con estos movimientos están conectados los órganos individuales. Las fuerzas del movimiento han producido, dentro de sus cursos, estos órganos; en estos últimos debemos reconocer los resultados de estos movimientos. A menudo he llamado la atención recientemente sobre la verdad real concerniente al corazón humano. La visión materialista del mundo, como he señalado, está de opinión de que el corazón es una especie de bomba, que fuerza la sangre a través de todo el cuerpo. Pero esto no es así; por el contrario, la pulsación del corazón no es la causa, sino el efecto de la circulación. En los movimientos internos o movimientos vivos se inserta el funcionamiento de los órganos.

Si intentamos descubrir un equivalente cósmico para esto, lo encontraremos observando, por un lado, los movimientos de los Planetas, especialmente si consideramos sus movimientos en relación con los movimientos de la luna. Ustedes sabrán —habiendo tenido esta explicación en conferencias anteriores— la conexión entre el movimiento lunar y los fenómenos de las mareas; y mucho más está conectado con este movimiento lunar. Si estudiáramos más profundamente los fenómenos de la Naturaleza, encontraríamos que no solo la luz aparece como resultado del amanecer, sino que otros —y de hecho más materiales— efectos en nuestro entorno terrenal están conectados con el movimiento planetario. Una vez que esto se convierta en la base de un estudio real y genuino, nos daremos cuenta de la armonía existente entre muchos fenómenos en la Tierra y los movimientos de los planetas. Estudiaremos los efectos de la influencia planetaria sobre el aire, el agua y la tierra, de la misma manera que tenemos que estudiar —en el cuerpo humano— las influencias sobre sus respectivos órganos de las fuerzas del movimiento interno existentes en la circulación de la sangre y en otras circulaciones. De esta manera descubriremos una cierta acción recíproca entre las actividades orgánicas y las fuerzas del movimiento interno. Así como ya hemos observado una correspondencia entre la Tierra y las Estrellas Fijas, ahora tendremos de hecho una correspondencia similar entre la tierra, el agua, el aire, el fuego (calor) y los planetas —entre los cuales contamos, por supuesto, al Sol.

Así llegamos a una cierta relación entre los acontecimientos dentro del organismo humano y aquellos que tienen lugar afuera en el Macrocosmos. Por el momento, sin embargo, solo necesitamos preocuparnos por las fuerzas orgánicas. ¿Cómo se construyen en el cuerpo humano? Se construyen de tal manera que al seguir la vida humana durante los períodos de este proceso de construcción de los órganos, podemos reconocer con un grado razonable de precisión que el proceso está relacionado con el curso del año al igual que el metabolismo está relacionado con el curso del día. Observen cómo este proceso de construcción tiene lugar en el niño, comenzando en la concepción y procediendo hasta que él 've la luz del mundo' por primera vez, como se expresa bellamente. Después de esto, y especialmente durante los primeros meses después del nacimiento, el proceso de construcción continúa aún más; así que, de hecho, tenemos aquí que hacer con un curso de un año. Luego tenemos otro período de aproximadamente un año hasta la aparición de los primeros dientes. Así que, en el proceso de construcción de los órganos, tenemos un curso anual. Pero este curso se encuentra en una relación similar con las fuerzas de movimiento interno en el Hombre como las diversas condiciones de la actividad del año —Primavera, Verano, Otoño e Invierno— lo hacen con los planetas. Aquí nuevamente descubrimos algo en el Hombre que tiene correspondencias en el Macrocosmos. No podemos estudiar estos asuntos de ninguna otra manera que comparando detalles entre sí. Todo lo que puedo hacer hoy es llamar su atención sobre ciertos hechos que se refieren a este tema, porque si examináramos las conexiones en detalle, nos llevaría demasiado tiempo; pero al estudiar ciertas relaciones en el Hombre durante el proceso real de construcción de los órganos, y verlos en conexión con las fuerzas de movimiento interno, pueden encontrar en todas partes analogías con lo que sucede en los cambios trimestrales en las Estaciones, tal como se ven en su relación con las fuerzas del movimiento planetario. Pero debemos evitar comenzar nuestro examen sobre la base de que el corazón es una bomba; por el contrario, el corazón debe ser visto como una creación de la circulación de la sangre. Debemos, por así decirlo, insertar el corazón en una circulación sanguínea viva. El movimiento del Sol también debe ser pensado como insertado de manera similar en los movimientos de los Planetas. Un examen imparcial de las condiciones intra-humanas nos obliga a hablar de una revolución de la Tierra sobre su eje causando un movimiento aparente de los cielos estrellados —porque esto constituye el equivalente de los movimientos conectados con el metabolismo en sus relaciones con la forma externa humana. Pero no podemos hablar de un movimiento de la Tierra alrededor del Sol durante el año. No podemos hacer esto, si entendemos al hombre interno que vive en estrecha conexión con el Macrocosmos; porque no debemos concebir de otra manera a lo que se mueve hacia el corazón, que a los otros flujos de movimiento dentro del hombre. Por lo tanto, debemos reconocer que nos ocupamos no de un movimiento elíptico de la Tierra en el transcurso del año, sino más bien de un movimiento que corresponde al movimiento Solar. Es decir, la Tierra y el Sol se mueven juntos en el curso del año; uno no circula alrededor del otro. La última opinión es el resultado de juzgar las apariencias; en realidad, aquí tenemos el movimiento de ambos cuerpos en el espacio con una cierta conexión entre los dos. Esto es algo en la teoría copernicana que tendrá que ser corregido sustancialmente. Pero hay otra manera en la que debemos concebir la relación del hombre con la naturaleza macrocósmica.

¿Cuál es realmente la naturaleza del proceso que observamos en el movimiento diario del metabolismo? Solo parte de este proceso se lleva a cabo de tal manera que va acompañado de los fenómenos de nuestra conciencia, otra parte se lleva a cabo mientras la conciencia está apagada, mientras el Yo y el cuerpo astral están separados del físico y el etérico. Ahora debemos notar especialmente lo siguiente. El Hombre no experimenta de la misma manera lo que sucede entre el despertar e irse a dormir y lo que sucede entre irse a dormir y despertar. Solo consideren la relación entre los dos momentos del tiempo —irse a dormir y despertar. Si hacen esto con una mente imparcial, llegarán a una visión inequívoca de este asunto. Cuando se van a dormir, están, por así decirlo, en el cero de su ser; la condición del sueño no es meramente de descanso, es la condición antitética del estado de vigilia. Cuando despiertan, están, desde el punto de vista de su vida, realmente en la misma relación consigo mismos y con su entorno que en el momento de irse a dormir. Uno es el equivalente del otro, la única diferencia es la de dirección. Despertar significa pasar del sueño al estado de vigilia; quedarse dormido es lo contrario. Aparte de la dirección, son absolutamente iguales. Por lo tanto, si pudiéramos indicar los movimientos del metabolismo mediante una línea, entonces no puede ser una línea recta o un círculo, porque no contendrían los puntos de despertar y de quedarse dormido. Debemos encontrar una línea que realmente represente los movimientos del metabolismo, de modo que contenga estos puntos, y la única —busquen tanto como quieran— es la lemniscata. Aquí tienen el punto de despertar en una dirección y el punto de quedarse dormido en la otra dirección. Las direcciones solamente son opuestas, los dos movimientos son iguales en cuanto a la condición de vida. Ahora podemos distinguir de manera real el ciclo del día y el ciclo de la noche.

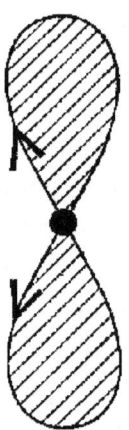

¿Hacia dónde nos lleva todo esto? Si hemos comprendido el hecho de que el movimiento del metabolismo diario corresponde al movimiento de la Tierra, ya no podemos, con la Tierra aquí (diagrama), atribuir a ningún punto un movimiento circular. Por el contrario, debemos formar la concepción de que la

Tierra, de hecho, avanza a lo largo de su camino de tal manera que produce una línea como la de la lemniscata. El movimiento no es una simple revolución, sino un movimiento más complicado; cada punto de la superficie terrestre describe una lemniscata, que también es la línea descrita por el proceso metabólico.

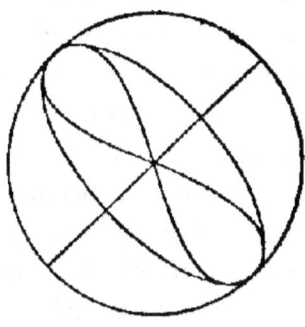

No podemos imaginar, por lo tanto, que el movimiento de la Tierra consista meramente en un giro alrededor del eje, porque en realidad es un movimiento complicado en el cual cada punto sobre el que te encuentras describe, en realidad para formar la base del movimiento de tus procesos metabólicos, una lemniscata. Es absolutamente necesario buscar en los movimientos del Universo exterior el equivalente de los movimientos que tienen lugar dentro del Hombre. Porque solo mediante el estudio de los cambios dentro del Hombre físico podemos llegar a comprender los movimientos planetarios exteriores al Hombre. Cuando un hombre pone sus miembros en movimiento y se cansa, ¡no podemos seguir discutiendo si está en movimiento relativo o real! Es impensable decir: ¡Quizás el movimiento es solo relativo, quizás el otro hombre al que se está acercando realmente se está acercando a él! Las teorías de la Relatividad ya no se sostienen cuando el movimiento interno demuestra que el hombre se mueve. Y también es imposible probar los movimientos en el interior de la Tierra, excepto mediante los cambios internos que ocurren en el Hombre. Los movimientos del metabolismo, por ejemplo, son el verdadero reflejo de lo que la Tierra ejecuta como movimiento en el espacio. Y nuevamente, lo que hemos llamado las fuerzas de construcción de los órganos, activas en el transcurso del año, son el equivalente del movimiento anual de la Tierra y el Sol juntos. Tendremos ocasión de hablar más específicamente de estas cosas más adelante; en este momento, me gustaría llamar su atención una vez más sobre nuestro modelo, donde he señalado que la Tierra se mueve detrás del Sol en una línea en espiral, la Tierra siempre se mueve junto con el Sol. Y luego, si vemos la línea desde arriba, obtenemos una proyección de la línea y la proyección muestra una lemniscata.

Ahora, todo esto dejará claro que ciertamente podemos hablar de un movimiento diario de la Tierra alrededor de su eje, pero de ninguna manera de un movimiento anual de la Tierra alrededor del Sol. Porque la Tierra sigue al Sol, describiendo el mismo camino.

Varios otros hechos muestran que no tenemos derecho a hablar de tal revolución. Para dar un ejemplo, el hecho de que se encontrara necesario —he hablado de esto antes— simplemente suprimir una declaración de Copérnico. Si la Tierra girara alrededor del Sol, naturalmente esperaríamos que su eje, que debido a su inercia permanece paralelo, apuntara en la dirección de diferentes estrellas fijas durante esta revolución. ¡Pero no lo hace! Si la Tierra girara alrededor del Sol, el eje no podría indicar la dirección de la Estrella Polar, porque el punto indicado debería girar alrededor de la Estrella Polar; sin embargo, esto no sucede, el eje continúa indicando continuamente la Estrella Polar. Esa línea que debería ser aparente para nosotros y que correspondería al movimiento progresivo de la Tierra en su relación con el Sol, no se encuentra.

Es en un camino espiral, en forma de tornillo, que la Tierra sigue al Sol, abriéndose camino, por así decirlo, en el espacio cósmico.

Sin embargo, ya he indicado que hay otro movimiento que se manifiesta en los fenómenos de la precesión de los equinoccios —el movimiento del punto de salida del sol en el equinoccio de primavera a través del Zodíaco, una vez cada 25.920 años. Esto también es equivalente a un cierto movimiento en el Hombre. ¿Qué podemos encontrar dentro del Hombre que corresponda a esto? Puede que puedas llegar a una conclusión sobre este punto a partir de lo que he dicho anteriormente. Debemos encontrar un movimiento equivalente a la relación del Sol con las Estrellas Fijas, porque el punto de salida del sol progresa a través del completo Zodíaco —o estrellas fijas— una vez cada 25.920 años. El equivalente en el Hombre es la relación entre las fuerzas del movimiento interno y las fuerzas de la forma; por lo tanto, esto también debe ser de larga duración. Las fuerzas del movimiento interno en el Hombre deben cambiar de alguna manera, para alterar su posición en relación con la periferia del Hombre.

Recordarás lo que dije sobre algo que ha sido observable desde el período de la antigua Grecia. Dije que los griegos usaban la misma palabra para 'amarillo' y 'verde', que realmente no veían el azul de la misma manera que nosotros, sino que, como informaban los escritores romanos, realmente usaban solo cuatro colores en su arte, a saber, amarillo, rojo, negro y blanco. Veían estos cuatro colores vivos. Para ellos, el cielo no era azul como lo vemos nosotros; les parecía una especie de oscuridad. Ahora, esta es una afirmación que se puede hacer con toda certeza, y la Ciencia Espiritual la confirma. Este cambio en el Hombre ha tenido lugar desde la época de la antigua Grecia. Cuando reflexionas sobre el hecho de que la constitución del ojo humano ha sufrido tal grado de modificación desde el período de la antigua Grecia, entonces también puedes concebir otras alteraciones en el organismo humano, que tienen lugar en la periferia y ocupan períodos de tiempo aún más largos para su realización. Tales alteraciones en la periferia deben necesariamente guardar relación con las fuerzas del movimiento interno, porque, por supuesto, no pueden ser producidas por la digestión o las funciones orgánicas. Estas modificaciones periféricas corresponden, de hecho, al curso del equinoccio vernal en el Zodíaco, a un período, es decir, de 25.920 años. Durante este período, la raza humana sufre un cambio completo. No debemos cometer el error de pensar que antes de ese tiempo, la humanidad apareció tal como la vemos ahora. La consideración de las circunstancias relacionadas con la existencia física hace absurdo usar las cifras que nos da la geología moderna para seguir la evolución humana en el tiempo, porque solo podemos comprender esto en el período de 25.920 años, y parte de eso todavía está en el futuro. Cuando el equinoccio vernal haya regresado nuevamente al mismo lugar, las alteraciones que habrán tenido lugar en toda la raza humana serán tales que la forma humana será completamente diferente a lo que es ahora. Ya les he contado algo derivado de otras fuentes de conocimiento sobre el futuro de la raza humana y sobre su edad. Y aquí vemos cómo la consideración de las condiciones físicas obliga a un reconocimiento del mismo conocimiento.

Como resultado de lo anterior, llegamos a la realización de que lo que llamamos los 'movimientos de los cuerpos celestes' no son tan simples como la astronomía actual nos haría creer, sino que aquí entramos en condiciones extremadamente complicadas —condiciones que pueden estudiarse desde el punto de vista de la conexión del Hombre con el Macrocosmos. Ya he podido señalarles ciertos detalles de los movimientos de los cuerpos celestes, y con el tiempo aprenderemos más y más sobre ellos desde otras fuentes. Ya pueden ver una cosa —que el hombre no depende totalmente del Macrocosmos. Con lo que yace profundamente en el subconsciente, con los procesos de asimilación, está aún, de cierta manera —pero solo de cierta manera—, ligado a la revolución diaria de la Tierra sobre su eje. Sin embargo, él puede elevarse fuera de esta conexión. ¿Cómo es esto? Es posible porque el hombre tal como es ahora, construido de acuerdo con las fuerzas de la periferia y del movimiento interno, con las fuerzas también de los órganos y del sistema metabólico, está completo y terminado en su dependencia de las fuerzas externas; y ahora él es capaz, con su organización completa y acabada, de separarse de esta conexión. En el mismo sentido en que tenemos en la vigilia y el sueño una copia del día y la noche, teniendo así en nosotros el ritmo interno del día y la noche, pero no necesitando que este ritmo interno corresponda con el ritmo externo del día y la noche (es decir, no necesitamos dormir de noche ni despertar durante el día), de manera similar el Hombre se separa de su conexión con el Macrocosmos en otros aspectos de su existencia. Sobre esto se basa la posibilidad del libre albedrío humano. No es la formación presente del Hombre la que depende del Macrocosmos, sino su formación pasada. Las experiencias presentes del Hombre son fundamentalmente una imagen o copia de su adaptación pasada al Macrocosmos, y en este sentido vivimos en las imágenes de nuestro pasado. Dentro de estas, somos capaces de evolucionar nuestra libertad, y de ellas recibimos nuestras leyes morales, que son independientes de la necesidad que rige en nuestra naturaleza. Es cuando entendemos claramente cómo el Hombre y el Macrocosmos están relacionados entre sí que reconocemos la posibilidad del libre albedrío en el Hombre.

Finalmente, debemos reflexionar sobre lo siguiente. Está claro que en el Hombre las fuerzas metabólicas están aún, en cierto sentido, conectadas con el ritmo de su vida diaria. Las fuerzas de la forma se han solidificado. Ahora considera al animal en lugar del Hombre. Aquí encontraremos una dependencia mucho más completa del Macrocosmos. El Hombre ha crecido fuera o más allá de esta dependencia. Por lo tanto, la antigua sabiduría hablaba del Zodíaco o Círculo de los Animales, no del Círculo del Hombre, como correspondiendo a las fuerzas de formación. Las fuerzas de la forma se manifiestan en el reino animal en una gran variedad de formas, mientras que en el Hombre se manifiestan esencialmente en una forma que abarca toda la raza humana; pero son las fuerzas del reino animal, y a medida que evolucionamos más allá de ellas y nos convertimos en Hombre, debemos ir más allá del Zodíaco. Más allá del Zodíaco está aquello en lo que, como seres humanos, dependemos en un sentido más alto que en todo lo que existe dentro del Zodíaco, es decir, dentro del círculo de las estrellas fijas. Más allá del Zodíaco está aquello que corresponde a nuestro Yo.

Con el cuerpo astral —que el animal también posee— estamos atados a una dependencia del Macrocosmos, y la construcción del vehículo astral tiene lugar de acuerdo con la voluntad de las Estrellas. Pero con nuestro "Yo" o Ego trascendemos este Zodíaco.

Aquí tenemos el principio sobre el cual hemos ganado nuestra libertad. Dentro del Zodíaco no podemos pecar, igual que no pueden los animales; comenzamos a pecar tan pronto como llevamos nuestra acción más allá del Zodíaco. Esto sucede cuando hacemos aquello que nos libera de nuestra conexión con las fuerzas Universales de formación, cuando entramos en relación con regiones exteriores al Zodíaco o la región de las estrellas fijas. Y este es el contenido esencial del Ego humano.

Como ves, podemos medir el Universo en la medida en que nos aparece como una cosa visible y temporal, podemos medir su plena extensión a través del espacio hasta las estrellas fijas más externas, y todo lo que tiene lugar por medio del movimiento en el tiempo en este cielo estrellado, y podemos considerar todo esto en su relación con el Hombre; pero en el Hombre se está cumpliendo algo que sucede fuera de este espacio y fuera de este tiempo, fuera de todo lo que tiene lugar en lo astral. Allí fuera, no hay 'necesidad de la Naturaleza', sino solo lo que tiene lugar que está íntimamente conectado con nuestra naturaleza y acciones morales. Dentro del Zodíaco no podemos evolucionar nuestra naturaleza moral; pero en la medida en que la evolucionamos, la inscribimos en el Macrocosmos más allá del Zodíaco. Todo lo que hacemos permanece y obra en el mundo. Los procesos que tienen lugar dentro de nosotros, desde las fuerzas de formación hasta las fuerzas del metabolismo, son el resultado del pasado. Pero el pasado no predice todo el futuro, no tiene poder sobre ese futuro que acontece del propio Hombre en sus acciones morales.

Solo puedo llevarte adelante en este estudio paso a paso. Mantengan bien en mente lo que he dicho hoy y en mi próxima conferencia examinaremos el asunto desde otro punto de vista.

Conferencia Siete: El hombre como jeroglifo del universo

"Debemos llegar a ver al hombre entero como un reflejo, un jeroglifo del universo. Cuando el hombre se mueve, cuando utiliza sus miembros para el trabajo, cuando observa el mundo a través de sus sentidos y elabora estos observaciones en su cerebro, en todas estas actividades tenemos que ver reflejada la actividad del universo exterior".

Las últimas conferencias aquí descritas trazaron un camino que, seguido de la manera correcta, conduce a una percepción del Universo y su organización. Como han visto, este camino obliga a una búsqueda continua de la armonía existente entre el proceso que tiene lugar en el Hombre y los procesos observados en el Universo. Mañana y pasado mañana tendré que tratar nuestro tema de tal manera que los amigos que han venido a asistir a la Reunión General puedan recibir algo de las dos conferencias a las que asistan. Mañana volveré a repasar algo de lo que se ha dicho para luego conectarlo con algo fresco.

Al leer mi Ciencia Oculta —un Esquema, habrán visto que en la descripción que hace de la evolución del Universo conocido se hace hincapié en mantener en todo momento la relación de esa evolución con la evolución del propio Hombre. Comenzando con el período de Saturno que fue seguido por los períodos del Sol y la Luna precediendo al período de la Tierra, recordarán que el período de Saturno se caracterizó por el establecimiento de los primeros cimientos de los sentidos humanos. Y a lo largo de esta línea de pensamiento el libro continúa. En todas partes se consideran las condiciones universales de una manera que al mismo tiempo también describe la evolución del Hombre. En resumen, el Hombre no se considera como si estuviera en el Universo como lo ve la ciencia moderna —el Universo exterior por un lado, y el Hombre por el otro— dos entidades que no pertenecen correctamente la una a la otra. Aquí, por el contrario, se considera que ambas se fusionan entre sí, y se sigue la evolución de ambas juntas. Esta concepción debe, por necesidad, aplicarse también a los atributos, fuerzas y movimientos actuales del Universo. No podemos considerar primero el Universo abstractamente en su aspecto puramente espacial, como se hace en el sistema Galileo-Copernicano, y luego al Hombre como existente junto a él; debemos permitir que ambos se fusionen en nuestro estudio.

Esto solo es posible cuando hemos adquirido una comprensión del propio Hombre. Ya les he mostrado cuán poco está realmente en posición la ciencia natural moderna para explicar al Hombre. ¿Qué hace la ciencia, por ejemplo, en esa esfera donde es más grande, juzgando por los métodos de pensamiento modernos? Declara grandiosamente que el Hombre ha evolucionado físicamente a partir de otras formas inferiores. Luego muestra cómo, durante el período embrionario, el Hombre pasa nuevamente rápidamente por estas formas en recapitulación. Esto significa que el Hombre es considerado como el más alto de los animales. La ciencia contempla el reino animal y luego construye al Hombre a partir de lo que se encuentra allí; en otras palabras, examina todo lo no humano, y luego dice: 'Aquí nos detenemos; aquí comienza el Hombre'. La ciencia natural no siente la obligación de estudiar al Hombre como Hombre, y por lo tanto cualquier comprensión real de su naturaleza está fuera de discusión.

Es realmente muy necesario hoy para las personas que afirman ser expertos en este dominio de la naturaleza, examinar las investigaciones de Goethe en ciencias naturales, particularmente su Teoría de los Colores. Aquí se utiliza un método de investigación muy diferente al que estamos acostumbrados hoy en día. Desde el principio se mencionan los colores subjetivos y fisiológicos, y luego se investigan cuidadosamente los fenómenos de la experiencia viva del ojo humano en relación con su entorno. Se muestra, por ejemplo, cómo estas experiencias o impresiones no duran solo mientras el ojo está expuesto a su entorno, sino que queda un efecto posterior. Todos ustedes conocen un fenómeno muy simple relacionado con esto. Observan una superficie roja, y luego, al pasar rápidamente a una superficie blanca, verán el rojo en el after-color verde. Esto muestra que el ojo está, en cierto sentido, todavía bajo la influencia de la impresión original. Aquí no es necesario examinar la razón por la cual el segundo color visto debería ser verde, nos limitaremos al hecho más general de que el ojo retiene el efecto posterior de su experiencia.

Aquí tenemos que ver con una experiencia en la periferia del cuerpo humano, porque el ojo está en la periferia. Cuando contemplamos esta experiencia, encontramos que por un cierto tiempo limitado el ojo retiene el efecto posterior de la impresión; después de eso, la experiencia cesa, y el ojo puede entonces exponerse a nuevas impresiones sin interferencia de la última.

Ahora consideremos completamente objetivamente un fenómeno conectado no con ningún órgano localizado único del organismo humano, sino con todo el ser humano. Si nuestras observaciones son imparciales, no podemos dejar de reconocer que esta experiencia hecha por todo el ser humano está relacionada con la experiencia con el ojo localizado. Nos exponemos a una impresión, a una experiencia, con todo nuestro ser. Al hacerlo, absorbemos esta experiencia tal como el ojo absorbe la impresión del color al que está expuesto; y encontramos que después de transcurridos meses, o incluso años, el efecto posterior se manifiesta en forma de una imagen mental. El fenómeno completo es algo diferente, pero no dejarán de reconocer la relación de esta imagen de la memoria con esa imagen posterior de una experiencia que el ojo retiene durante un corto tiempo limitado.

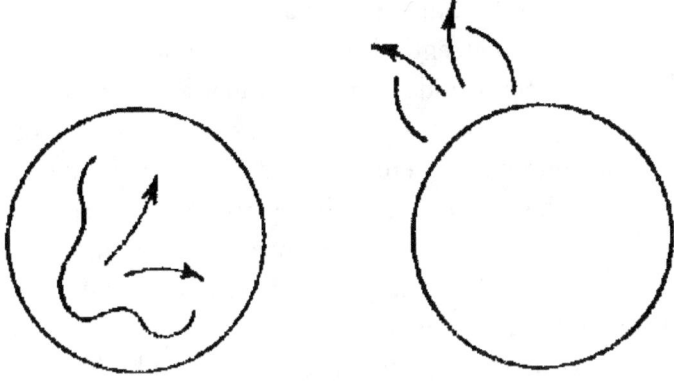

Este es el tipo de pregunta que el hombre debe enfrentar, porque solo puede obtener algún conocimiento del mundo cuando aprende a formular preguntas de la manera correcta. Por lo tanto, preguntémonos: ¿Cuál es la conexión entre estos dos fenómenos —entre la imagen posterior del ojo y la imagen de la memoria que surge dentro de nosotros en relación con una cierta experiencia? Tan pronto como formulamos nuestra pregunta de esta manera y requerimos una respuesta definitiva, nos damos cuenta de que todo el método del pensamiento científico-natural actual falla completamente en proporcionar la respuesta; y falla debido a su ignorancia de un gran hecho —el hecho del significado universal de la metamorfosis. Esta metamorfosis es algo que no se completa en el Hombre dentro de los límites de una vida, sino que solo se lleva a cabo en vidas consecutivas en la Tierra.

Toma el dibujo de la izquierda como la primera metamorfosis, y el dibujo de la derecha como la segunda;

entonces tendrás que imaginar el primero como la primera vida, y el segundo como la segunda vida, y entre los dos está la vida entre la muerte y un nuevo nacimiento. Tenemos primero un órgano interno que está dirigido hacia adentro. Debido a la transformación que tiene lugar entre dos vidas físicas, toda la posición y dirección de este órgano se invierte por completo — ahora se abre hacia afuera. Así que un órgano que desarrolla su actividad hacia adentro en una encarnación desarrolla su actividad hacia afuera en la vida siguiente. Ahora puedes imaginar que algo ha sucedido entre las dos encarnaciones que puede compararse con ponerse un guante, quitárselo y darle la vuelta; al volver a usar el guante, la superficie que antes estaba hacia adentro sale hacia afuera, y viceversa. Por lo tanto, hay que tener en cuenta que esta metamorfosis no solo transforma los órganos, sino que les da vuelta; lo interno se convierte en externo. Ahora podemos decir que los órganos del cuerpo (tomando 'cuerpo' como el opuesto a 'cabeza') han sido transformados. Así que uno u otro de nuestros órganos abdominales, por ejemplo, se ha convertido ahora en nuestros ojos en esta encarnación. Se ha revertido en sus fuerzas activas, se ha convertido en un ojo, y ha adquirido la capacidad de generar efectos posteriores a partir de impresiones externas. Ahora esta facultad debe deber su origen a algo.

Consideremos el ojo y la misión de su actividad vital, de manera imparcial. Estos efectos posteriores solo nos prueban que el ojo es una cosa viva. Prueban que el ojo, por un tiempo breve, retiene impresiones; ¿y por qué? Usaré como símil algo más simple. Supongamos que tocas seda; tu órgano del tacto retiene un efecto posterior de la suavidad de la seda. Si más tarde vuelves a tocar seda, la reconoces por lo que la primera impresión dejó en ti. Es lo mismo con el ojo. El efecto posterior está de alguna manera conectado con el reconocimiento. La vida interna que produce este efecto posterior juega un papel en el reconocimiento. Pero el objeto externo, cuando se reconoce, permanece afuera. Si veo a alguno de ustedes ahora, y mañana los vuelvo a ver y los reconozco, están físicamente presentes ante mí.

Ahora compara esto con el órgano interno del cual el ojo es una transformación en lo que respecta a su actividad y fuerzas. En este órgano debe residir algo que en cierto sentido corresponda a la capacidad del ojo de retener imágenes de impresiones, algo parecido a la vida interna del ojo; pero debe estar dirigido hacia adentro. Y esto también debe tener alguna conexión con el reconocimiento. Pero reconocer una experiencia significa recordarla. Entonces, cuando buscamos la metamorfosis fundamental de la actividad del ojo en una vida anterior, debemos indagar en la actividad de ese órgano que actúa para la memoria.

Es imposible explicar estas cosas en un lenguaje simple como se desea a menudo en la actualidad, pero podemos dirigir nuestros pensamientos a lo largo de una cierta línea que, si se sigue, nos llevará a esta concepción —es decir, que todos nuestros órganos sensoriales que están dirigidos hacia afuera tienen sus correspondencias en los órganos internos, y que estos últimos también son los órganos de la memoria. Con el ojo vemos lo que recurre como una impresión del mundo exterior, mientras que con esos órganos dentro del cuerpo humano que corresponden a la metamorfosis previa del ojo, recordamos las imágenes transmitidas a través del ojo. Escuchamos sonidos con el oído, y con el órgano interno que corresponde al oído recordamos ese sonido. De esta manera, todo el hombre, mientras dirige o abre sus órganos hacia adentro, se convierte en un órgano de la memoria. Enfrentamos al mundo exterior, tomándolo en nosotros en forma de impresiones. La ciencia natural materialista afirma que recibimos una impresión, por ejemplo, con la ayuda del ojo. La impresión se transmite al nervio óptico. Pero aquí la actividad aparentemente cesa; en lo que respecta al proceso de cognición, ¡todo el resto del organismo es como la quinta rueda de un carro! Pero esto está lejos de ser la verdad. Todo lo que percibimos pasa al resto del organismo. Los nervios no tienen relación directa con la memoria. Por el contrario, todo el cuerpo humano, todo el hombre, se convierte en un instrumento de memoria, solo especializado según el órgano particular que dirige su actividad hacia adentro. El materialismo experimenta una paradoja trágica — ¡fracasa en comprender la materia porque se aferra a sus abstracciones! Se vuelve más y más abstracto, lo espiritual se filtra más y más; por lo tanto, no puede penetrar en la esencia de los fenómenos materiales, porque no reconoce lo espiritual dentro de lo material.

Por ejemplo, el materialismo no se da cuenta de que nuestros órganos internos tienen mucho más que ver con nuestra memoria que el cerebro, que simplemente prepara la idea o imágenes para que puedan ser absorbidas por los otros órganos de todo el cuerpo. En este sentido, nuestra ciencia es una perpetuación de un ascetismo unilateral, que consiste en la falta de voluntad para comprender la espiritualidad del mundo material y el deseo de superarlo. Nuestra ciencia ha aprendido suficiente ascetismo para privarse de la capacidad de comprender el mundo, cuando afirma que los ojos y otros órganos sensoriales reciben las diversas impresiones, las transmiten al sistema nervioso y luego a algo más, que queda indefinido. ¡Pero este "algo" indefinido es el organismo entero restante! Aquí es donde se originan los recuerdos mediante la transmutación de los órganos.

Esto era muy conocido en los días en que ninguna ascesis espuria oprimía la percepción humana. Por lo tanto, encontramos que los antiguos, al hablar de la 'hipocondría', por ejemplo, no hablaban de ella de la misma manera que lo hace el hombre moderno e incluso el psicoanalista cuando mantiene que la hipocondría es meramente psíquica, es algo arraigado en el alma. No, la hipocondría significa un endurecimiento de las partes abdominales e inferiores. Los antiguos sabían bastante bien que este endurecimiento del sistema abdominal tiene como resultado lo que llamamos hipocondría, y el idioma inglés, que evidencia un estadio menos avanzado que otras lenguas europeas, aún contiene un remanente de memoria de esta correspondencia entre lo material y lo espiritual. Por el momento, solo puedo recordarte un ejemplo de esto. En inglés, la depresión se llama "bazo". La palabra es la misma que el nombre del órgano físico que tiene mucho que ver con esta depresión. Porque esta condición del alma no se puede explicar desde el sistema nervioso, la explicación está en el bazo. Podríamos encontrar muchas correspondencias similares, porque el genio del lenguaje ha conservado mucho; y aunque las palabras se hayan transformado algo para aplicarlas al alma, aún apuntan a una comprensión que el hombre poseía una vez en la antigüedad y que le fue de gran ayuda.

Para repetir — tú, como todo el Hombre, observas el mundo circundante, y este mundo reacciona sobre tus órganos, que se adaptan a estas experiencias según su naturaleza. En una escuela de medicina, cuando se estudia anatomía, el hígado es simplemente llamado hígado, ya sea el hígado de un hombre de 50 años o de 25, de un músico o de uno que entiende tanto de música como una vaca del domingo después de haberse regalado con hierba durante una semana. Es simplemente hígado. El hecho es que existe una gran diferencia entre el hígado de un músico y el de un no músico, porque el hígado está muy relacionado con todo lo que se puede resumir como las concepciones musicales que viven y resuenan en el Hombre. No sirve de nada mirar el hígado con el ojo de un asceta y verlo como un órgano inferior; porque ese aparentemente humilde órgano es el asiento de todo lo que vive y se expresa a través de la hermosa secuencia de la melodía; está estrechamente relacionado, por ejemplo, con el acto de escuchar una sinfonía. Debemos comprender claramente que el hígado también posee órganos etéreos; son estos últimos los que, en primer lugar, tienen que ver con la música. Pero el hígado físico externo es, en cierto sentido, una exteriorización del hígado etérico, y su forma es como la forma de este último. De esta manera, ves, preparas tus órganos; y si dependiera enteramente de ti, los instrumentos de tus sentidos, en la próxima encarnación, serían una réplica de las experiencias que has tenido en el mundo en la presente encarnación. Pero esto es cierto solo en medida, porque en el intervalo entre la muerte y un nuevo nacimiento, seres de las Jerarquías superiores vienen en nuestra ayuda, y no siempre deciden que las lesiones producidas en nuestros órganos por falta de conocimiento o de autocontrol deben ser llevadas por nosotros como nuestro destino. Recibimos ayuda entre la muerte y el renacimiento, y por lo tanto, en lo que respecta a esta parte de nuestra constitución, no dependemos solo de nosotros mismos.

A partir de todo esto, verás que realmente existe una relación entre la organización de la cabeza y el resto del cuerpo con sus órganos. El cuerpo se convierte en cabeza, y perdemos la cabeza en la muerte en cuanto a sus fuerzas formativas están en juego. Por lo tanto, es tan esencialmente óseo en su estructura y se conserva más tiempo en la Tierra que el resto del organismo, lo que es solo el signo externo de que se nos pierde para nuestra siguiente reencarnación, en lo que respecta a todo lo que tenemos que experimentar entre la muerte y el renacimiento. La antigua sabiduría atávica percibió estas cosas claramente, y especialmente cuando se investigó esa gran relación entre el Hombre y el Macrocosmos, que encontramos expresada en la antigua descripción de los movimientos de los cuerpos celestes. El genio del lenguaje también ha conservado aquí mucho. Como señalé ayer, el Hombre físico se adhiere internamente al ciclo diario. Exige desayuno todos los días, y no solo el domingo. El desayuno, el almuerzo y la cena se requieren todos los días, y no solo el desayuno el domingo, el almuerzo el miércoles y la cena el sábado. El Hombre está ligado al ciclo de 24 horas en lo que respecta a su metabolismo —o la transmutación de la materia del mundo exterior. Este ciclo diario en el interior del Hombre corresponde al movimiento diario de la Tierra sobre su eje. Estas cosas fueron percibidas de cerca por la sabiduría antigua. El Hombre no sintió que fuera una criatura aparte de la Tierra, porque sabía que se conformaba a sus movimientos; también conocía la naturaleza de aquello a lo que se conformaba. Aquellos que tienen entendimiento para las antiguas obras de arte —aunque los ejemplos aún conservados hoy ofrecen poco oportunidad para estudiar estas cosas— estarán al tanto de un sentido vivo, por parte de los antiguos, de la conexión del Hombre el Microcosmos con el

Macrocosmos. Se demuestra por la posición que ciertas figuras adoptan en sus cuadros, y las posiciones que comienzan a asumir ciertas otras etc.; en estas, los movimientos cósmicos se imitan constantemente.

Pero encontraremos algo de aún mayor significado en otra consideración.

En casi todos los pueblos que habitan esta Tierra, encuentras una distinción o comparación reconocida entre la semana y el día. Tienes, por un lado, el ciclo de transmutación de sustancias —o metabolismo, que se expresa en la ingesta de comidas a intervalos regulares. Sin embargo, el Hombre nunca ha calculado según este ciclo solo; ha añadido al ciclo diario un ciclo semanal. Primero distinguió este ascenso y descenso del Sol — correspondiente a un día; luego agregó lunes, martes, miércoles, jueves, viernes y sábado, un ciclo siete veces el del otro, después de lo cual volvía nuevamente al domingo. (En cierto sentido, después de completar siete de esos ciclos, también volvemos nuevamente al punto de partida.) Experimentamos esto en el contraste entre día y semana. Pero el Hombre deseaba expresar mucho más con este contraste. Primero, quería mostrar la conexión del ciclo diario con el movimiento del Sol.

Pero existe un ciclo siete veces mayor, que, al regresar nuevamente al Sol, incluye a todos los planetas —Sol, Luna, Mercurio, Venus, Marte, Júpiter y Saturno. Este es el ciclo semanal. Esto estaba destinado a significar que, teniendo un ciclo correspondiente a un día, y uno siete veces mayor que incluía a los planetas, no solo gira la Tierra sobre su eje (o el Sol da la vuelta), sino que todo el sistema tiene en sí mismo también un movimiento. El movimiento se puede ver en varios otros ejemplos. Si tomas el curso del ciclo anual, entonces tienes en el año, como sabes, 52 semanas, de modo que 7 semanas representan aproximadamente la séptima parte —en cuanto a número— del año. Esto significa que imaginamos el ciclo semanal extendido o estirado sobre el año, tomando el comienzo y el final del año como correspondientes al comienzo y final de la semana. Y esto requiere el pensamiento de que todos los fenómenos resultantes del ciclo semanal deben tener lugar a una velocidad diferente de aquellos eventos que tienen su origen en el ciclo diario.

Y ¿dónde debemos buscar el origen del sentimiento que nos impulsa a calcular, ahora con el ciclo diario, y ahora con el ciclo semanal? Surge de la sensación dentro de nosotros del contraste entre el desarrollo de la cabeza humana y el del resto del organismo. Vemos la organización de la cabeza humana representada por un proceso al que ya he llamado tu atención —la formación dentro de aproximadamente un ciclo de un año de los primeros dientes.

Si consideras la primera y segunda dentición, verás que la segunda tiene lugar después de un ciclo que es siete veces más largo que el ciclo de la primera dentición. Podemos decir que así como el ciclo de un año en relación con la primera dentición se encuentra con el ciclo de la evolución humana que trabaja hasta la segunda dentición, así es como el día se encuentra con la semana. Los antiguos sentían que esto era cierto, porque entendían correctamente otra cosa. Entendían que la primera dentición era principalmente el resultado de la herencia. Solo necesitas mirar el embrión para darte cuenta de que su desarrollo procede de la organización de la cabeza; más tarde, anexa, por así decirlo, el resto del organismo. Entenderás entonces que la idea de los antiguos era completamente correcta cuando veían una conexión de la formación de los primeros dientes con la cabeza y de los segundos dientes con todo el organismo humano. Y hoy debemos llegar al mismo resultado si consideramos estos fenómenos objetivamente. Los primeros dientes están conectados con las fuerzas de la cabeza humana, los segundos con las fuerzas que trabajan desde fuera del resto del organismo y penetran en la cabeza.

Al mirar el asunto de esta manera, hemos indicado una diferencia importante entre la cabeza y el resto del cuerpo humano. La diferencia es una que, en primer lugar, puede considerarse como conectada con el tiempo, porque lo que sucede en la cabeza humana tiene una rapidez siete veces mayor que lo que sucede en el resto del organismo humano. Vamos a traducir esto a un lenguaje racional. Digamos que hoy has comido tu número habitual de comidas en la secuencia adecuada. Tu organismo exige una repetición de ellas mañana. No es así con la cabeza. Esta actúa de acuerdo con otra medida de tiempo; debe esperar siete días antes de que los alimentos tomados en el resto del organismo hayan avanzado lo suficiente como para permitirle a la cabeza asimilarlos. Suponiendo que hoy sea domingo, tu cabeza tendría que esperar hasta el próximo domingo antes de estar en condiciones de beneficiarse con el fruto de la cena de hoy domingo. En la organización de la cabeza, una repetición tiene lugar después de un período de siete días, de lo que se ha logrado siete días antes en el organismo. Todo esto los antiguos lo sabían intuitivamente y lo expresaban diciendo: una semana es necesaria para transmutar lo físico y corporal en alma y espíritu.

Ahora verás que la metamorfosis también trae consigo una repetición en la encarnación siguiente en el tiempo 'singular' de lo que anteriormente requería un período siete veces más largo para llevarse a cabo. Estamos así preocupados por una metamorfosis que es espacial a través del hecho de que nuestro organismo restante — nuestro cuerpo— no solo es transformado, sino que se da vuelta del revés, y al mismo tiempo es temporal, en que nuestra organización de la cabeza se ha quedado atrás en la medida de un período siete veces más largo.

Ahora estará claro para ti que esta organización humana no es, después de todo, tan simple como nuestra moderna ciencia amante del confort quisiera creer. Debemos decidir considerar la organización del Hombre como mucho más complicada; porque si no entendemos al Hombre correctamente, también se nos impide comprender los movimientos cósmicos en los que participa. Las descripciones del Universo circuladas desde el comienzo de los tiempos modernos son meras abstracciones, porque se describen sin un conocimiento del Hombre.

Esta es la reforma que es necesaria, sobre todo, en Astronomía —una reforma que exige la reintegración del Hombre en el esquema de las cosas, cuando se estudian los movimientos cósmicos. Tales estudios serán entonces naturalmente algo más difíciles.

Goethe sintió intuitivamente la metamorfosis del cráneo a partir de las vértebras, cuando, en un cementerio judío veneciano, encontró un cráneo de oveja que se había desarmado en sus diversas pequeñas secciones; estas le permitieron estudiar la transformación de las vértebras, y luego prosiguió su descubrimiento en detalle. La ciencia moderna también ha tocado esta línea de investigación. Encontrarás algunas observaciones interesantes relacionadas con el asunto, y algunas hipótesis construidas sobre ella, por el anatomista comparativo Karl Gegenbaur; pero en realidad Gegenbaur creó obstáculos para la investigación intuitiva goetheana, porque no encontró suficiente razón para declararse a favor de la paralelidad entre las vértebras y las secciones únicas del cráneo. ¿Por qué falló? Porque mientras las personas piensen solo en una transformación y desatiendan la reversión del revés hacia adentro, solo obtendrán una idea aproximada de la similitud de los dos tipos de huesos. Porque en realidad los huesos del cráneo resultan de las fuerzas que actúan sobre el Hombre entre la muerte y el renacimiento, y por lo tanto, deben ser esencialmente diferentes en apariencia de los huesos meramente transformados. Están dados vuelta del revés; es esta reversión la que es el punto importante.

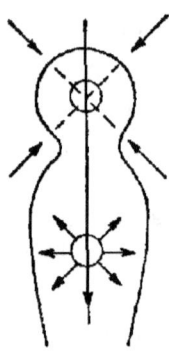

Imagina que aquí (diagrama) tenemos al hombre superior o de cabeza. Todas las influencias o impresiones proceden hacia adentro desde afuera. Aquí abajo estaría el resto del cuerpo humano. Aquí todo trabaja de adentro hacia afuera, pero de manera que permanece dentro del organismo. Permíteme expresarlo de otra manera. Con su cabeza, el hombre se relaciona con su entorno exterior, mientras que con su organismo inferior está relacionado con los procesos que tienen lugar dentro de sí mismo. El místico abstracto dice: "Mira dentro para encontrar la realidad del mundo exterior". Pero esto es meramente pensamiento abstracto, no concuerda con el camino real. La realidad del mundo exterior no se encuentra a través de la contemplación interna de todo lo que actúa sobre nosotros desde afuera; debemos ir más profundo y considerarnos como una dualidad, y permitir que el mundo tome forma en una parte completamente diferente de nuestro ser. Es por eso por lo que el misticismo abstracto produce tan poco fruto, y por qué es necesario pensar también en un proceso interno aquí.

¡No espero que ninguno de ustedes deje su cena frente a ustedes sin tocarla, dependiendo únicamente de su atractivo aspecto para saciar su hambre! La vida no podría ser mantenida de esta manera. ¡No! Debemos inducir ese proceso que transcurre en el ciclo de 24 horas, y que, si consideramos al hombre completo, incluyendo la organización superior o de la cabeza, solo termina su curso después de siete días. Pero lo que se asimila espiritualmente —pues realmente debe ser asimilado y no solo contemplado— también requiere para este proceso un período siete veces más largo. Por lo tanto, se vuelve necesario primero asimilar intelectualmente todo lo que absorbemos. Pero para verlo renacer dentro de nosotros, debemos esperar siete años. Solo entonces se ha desarrollado en lo que estaba destinado a ser. Es por eso por lo que después de la fundación de la Sociedad Antroposófica en 1901 tuvimos que esperar pacientemente siete, e incluso catorce años para obtener el resultado.

Conferencia Ocho: El Hombre y la Cosmovisión Antigua

Me gustaría presentar de nuevo, de una forma algo diferente, algunas observaciones hechas en el transcurso de nuestros estudios. Saben que el hecho de la íntima relación entre el hombre y el Universo era mucho mejor conocido por los métodos de percepción utilizados por los antiguos que por los nuestros en la época actual. Si retrocediéramos al período de la cultura egipcio-caldea, encontraríamos que el hombre no se veía a sí mismo como un ser separado que deambula por la Tierra, sino como un ser perteneciente al Universo entero. Sabía, por supuesto, para empezar, que en cierto sentido dependía de la Tierra. Eso se puede observar fácilmente; incluso nuestra propia era materialista admite que el hombre, en lo que respecta a su metabolismo físico, depende de los productos de la Tierra que asimila. Pero en esos tiempos antiguos, por supuesto, mediante la percepción atávica, el hombre se sabía también dependiente en su alma, por un lado, de los elementos de fuego, agua y aire, y por otro, de los movimientos de los planetas. Estos los relacionaba con su naturaleza anímica de la misma manera que relacionaba los productos de la Tierra con su metabolismo físico. Y la parte del Universo que está fuera o más allá del sistema planetario, todo lo que está en los cielos estrellados, esto lo conectaba con su espíritu.

Así, en esos tiempos pasados, cuando el materialismo no era una opción, el hombre se sabía viviendo en el seno del Universo. Podrían preguntar ahora: Sí, ¿pero cómo es que el hombre de aquellos tiempos cometió errores tan grandes en relación con los movimientos de los cuerpos celestes, mientras que hoy, en esta era materialista, ha hecho progresos tan magníficos en relación con la verdadera verdad de estos movimientos? Bueno, hemos hablado de estas cosas durante bastante tiempo y hemos señalado que los movimientos en los que hoy cree el hombre se afirman por la ciencia únicamente sobre la base de ciertos prejuicios. Sobre este tema tendré más que decir mañana, pero por el momento podemos recordar que el hombre de hoy ha perdido por completo la conciencia del hecho de que aquello que pertenece al hombre completo no puede descubrirse más en el mundo físico que en el mundo estelar visible. Porque es absolutamente imposible obtener una verdadera percepción incluso de los cielos estrellados visibles, a menos que el hombre combine la vida física exterior con lo suprafísico en sus consideraciones, esa parte suprafísica de su vida por la que pasa entre la muerte y el renacimiento. Ayer llamamos la atención sobre la metamorfosis que ocurre en el hombre en este cambio de la vida terrenal a la superterrenal y mostramos cómo los órganos que consideramos como pertenecientes al hombre inferior (y de los cuales dijimos ayer que se abren hacia adentro), se transforman —en cuanto a sus fuerzas, aunque obviamente no en su sustancia— durante el período entre la muerte y un nuevo nacimiento, y se convierten en lo que se considera el organismo de cabeza más noble. Este último es en realidad nada más que la metamorfosis —en cuanto a la estructura de sus fuerzas— del llamado hombre 'inferior' de la última vida terrenal.

Si realmente reflexionamos sobre este asunto, podemos ver —en espíritu— cómo entre la muerte y el renacimiento, el hombre tiene un cierto contenido dentro de él de sus experiencias, como también lo tiene aquí entre el nacimiento y la muerte. Pero el contenido es esencialmente diferente en cada caso. Podemos aclarar esta diferencia diciendo: entre el nacimiento y la muerte, el hombre tiene, como circunferencia para sus experiencias, la circunferencia en el Espacio, y también lo que sucede en el Tiempo. Tiene estos —Espacio y Tiempo— como circunferencia para sus experiencias.

Saben en qué pequeña medida el hombre realmente experimenta los procesos de su organismo interno. No es consciente de ellos. Toda la organización dentro de la piel es conocida por el hombre solo indirecta e incompletamente. El conocimiento adquirido a través de la anatomía y la fisiología no es conocimiento real, porque mediante esta investigación no miramos dentro del hombre real; es una ilusión creer que lo hacemos. Solo la Ciencia Espiritual revela gradualmente todo lo que está dentro del hombre. Pero, ¿cómo encontramos las condiciones en este sentido durante el intervalo entre la muerte y un nuevo nacimiento? Debemos ponerlo de esta manera. En cierto sentido, miramos entonces desde la periferia hacia el centro. Y sabemos tan poco de la periferia como lo hacemos aquí de nuestro centro o interior. Pero, por otro lado, tenemos durante este período una percepción directa de los secretos y misterios del propio Hombre. Aquello que está oculto dentro de nosotros —dentro de nuestra piel— eso lo observamos entre la muerte y un nuevo nacimiento como nuestras experiencias.

Ahora tal vez digan que este mundo que contemplamos durante el tiempo entre la muerte y el renacimiento debe ser uno muy pequeño en efecto. Pero las dimensiones espaciales no cuentan en absoluto. Es la plenitud o la pobreza del contenido lo que importa, no el tamaño. Si combinamos todo lo que observamos en los reinos mineral, vegetal y animal, y añadimos a eso los cielos estrellados, no se compararía en riqueza con los misterios dentro del propio Hombre. El proceso real es aproximadamente el siguiente. Perdemos las fuerzas estructurales de la cabeza cuando pasamos a la muerte. Han completado su oficio. Pero luego el mundo espiritual toma las fuerzas estructurales del organismo restante (inferior), que de ser una experiencia interna ahora pertenecen a la periferia, y las transforma de tal manera que cuando llega el momento, desde el mundo espiritual se determina la cabeza humana en el seno de la madre.

Debemos tener absolutamente claro este punto. El

primer comienzo del hombre corpóreo dentro de la madre es el resultado de todo el proceso que hemos estado describiendo. La concepción es simplemente la oportunidad dada para que una cierta actividad cósmica penetre en el cuerpo humano, y lo que se forma primero en el proceso de formación del hombre es, de hecho, una imagen del Cosmos entero. Quien desee estudiar el embrión humano desde su primer estadio en adelante, debe considerarlo como una imagen del Cosmos.

Estos asuntos hoy son casi completamente pasados por alto. ¿De qué pensamos generalmente cuando hablamos del origen de un ser humano en el sentido físico? ¡De la herencia! Observamos cómo se forma el organismo infantil dentro del organismo parental, y desconocemos cómo están activas las fuerzas cósmicas que nos rodean dentro del organismo parental; ignoramos el hecho de que el Macrocosmos entero proyecta su fuerza en el ser humano para hacer posible la génesis de un nuevo ser humano.

Por supuesto, el gran error de nuestra filosofía mundial actual es que nunca tomamos en consideración el Macrocosmos, y por lo tanto nunca nos hacemos conscientes de dónde yacen las fuerzas cuyo efecto observamos. Debo recordarles una vez más lo siguiente. El físico o químico moderno dice que hay moléculas que están compuestas de átomos, que los átomos poseen fuerzas mediante las cuales actúan entre sí. Ahora, esta es una concepción que simplemente no concuerda con la realidad. La verdad es que la molécula más diminuta es afectada por todo el cielo estrellado. Supongamos aquí un planeta, aquí otro, aquí otro, y así sucesivamente. Luego están las estrellas fijas, que transmiten sus fuerzas a la molécula. Todas estas líneas de fuerza se cruzan entre sí de varias maneras. Los planetas también transmiten sus fuerzas de la misma manera, y llegamos a comprender que la molécula no es más que un foco de fuerzas macrocósmicas. Es el ardiente deseo de la ciencia moderna llevar la microscopía lo suficientemente lejos para que los átomos puedan ser vistos dentro de la molécula. Esta forma de ver el asunto debe cesar. En lugar de desear examinar la estructura de la molécula con un microscopio, debemos dirigir nuestra mirada hacia el exterior, hacia los cielos estrellados, debemos mirar las constelaciones y ver el cobre en una, el estaño en otra. Allí, en el Macrocosmos, debemos contemplar la estructura de la molécula que solo se refleja en la molécula. En lugar de adentrarnos en lo infinitamente pequeño, debemos dirigir nuestra mirada hacia lo infinitamente grande, porque es allí donde tenemos que buscar la realidad de lo que vive en lo pequeño.

De esta manera, la concepción materialista de las cosas también afecta a otros dominios del pensamiento. Alguien que se considere capaz de dar una opinión sobre el progreso del conocimiento humano puede decir: ¡el materialismo del siglo XIX está ahora superado! ¡No! No está superado mientras los hombres sigan pensando en términos atómicos, mientras no busquen en lo grande la forma y configuración de lo pequeño. Tampoco está superado el materialismo relativo a la humanidad, mientras continuemos ignorando la conexión del Hombre como Microcosmos con el Macrocosmos.

Y en este punto nos encontramos con una nueva —podría decirse monstruosa— evidencia de materialismo, a la que anteriormente he llamado la atención. Es en la llamada Teosofía donde a menudo se encuentran sus rastros, donde está presente una tendencia a ver las cosas de la siguiente manera. Aquí tenemos la materia; luego el éter, más delgado que la materia pero similar a ella de otro modo; luego viene el astral —de nuevo más delgado o más fino que lo etérico— y después de eso un buen número de otras cosas hermosas, todas más delgadas y más delgadas. ¡Llámenlo Kama-manas, o como quieran, no es espiritual, sino que permanece materialista! La verdad es que para llegar a una comprensión real del mundo, debemos concebir la materia pesada, ponderable como cesando en el éter; porque debemos entender claramente que este éter es esencialmente una cosa muy diferente de esa sustancia de la que hablamos como llenando el espacio. Cuando hablamos de esta última sustancia, pensamos en el espacio como lleno de materia. Pero esto no podemos hacerlo cuando hablamos de éter, porque entonces debemos concebir el espacio como vacío de materia. Cuando la materia ordinaria golpea algún otro objeto, el objeto es repelido o empujado. Cuando el éter se acerca a un objeto, lo atrae y lo lleva dentro de sí mismo. La actividad del éter es exactamente opuesta a la de la materia. El éter actúa como un absorbente. Si esto fuera diferente, presentaría la misma apariencia delante y detrás, porque incluso en esta diversidad de la apariencia física del hombre tenemos el resultado, por un lado, de la presión de la materia ponderable y, por otro, de la acción absorbente del éter. Su nariz es empujada hacia afuera, por así decirlo, desde su organismo a través de la presión de la materia, mientras que las cuencas de los ojos son atraídas hacia adentro a través de la acción del éter. Por lo tanto, es simplemente una sustancia que presiona y absorbe la que actúa dentro de usted y que diferencia la apariencia exterior de su frente y su espalda. Estas son cosas que generalmente no se tienen en cuenta.

Además, cuando hablamos del astral, no debemos pensar en la materia física tridimensional extendiéndose de manera triforme en el espacio, ni debemos pensar en el éter absorbente, sino en un tercer factor, uno que forma el ajuste o la conexión entre los otros dos. Y si luego pasamos a intentar formar una idea aproximada de esa parte de nuestro ser denominada el Ego — el "Yo soy" — tendríamos que incluir un cuarto factor, que actúa como mediador entre, por un lado, la acción absorbente-repelente del éter y la materia física, y por otro lado, la sustancia astral. Estas son las cosas que deben ser tenidas en consideración.

No puedes preguntar lógicamente: Si el éter tiene simplemente una acción de succión y absorción, ¿cómo es posible que lo percibamos? De hecho, el éter está, figurativamente hablando, en la misma relación en lo que respecta a la materia ponderable — estoy hablando ahora en una metáfora — como la relación que encontramos en otro plano si tenemos una botella de agua con gas. No podemos ver el agua en la botella, pero sí podemos ver las burbujas nacaradas, aunque estas son "más delgadas" que el agua. Y así sucede en el caso del éter, que es un "hueco" en la materia física y, por lo tanto, la antítesis esencial de la materia física; también puede ser percibido.

A partir de lo anterior, ahora verán que es necesario, al hablar de la vida entre la muerte y el renacimiento, darse cuenta de que esta vida se vive realmente más allá del espacio — más allá del espacio del cual tenemos conocimiento en el plano terrestre; y tendremos que esforzarnos por obtener una concepción de este "más allá" del espacio. Lo mejor que pueden hacer es intentar primero imaginar el espacio "lleno". Tome por ejemplo, una mesa; ocupa o llena espacio. Luego pasa de un espacio "lleno" a un espacio "vacío", y tal vez dirías que no puedes ir más allá de esto. Pero como he señalado anteriormente, esto sería tan sensato como decir: "Tengo un monedero lleno del cual sigo sacando dinero hasta que no queda nada; este "nada" no puede ser menos de lo que es". ¡Pero puede ser menos si te endeudas, cuando tendrías menos que nada en tu monedero! Del mismo modo, el espacio vacío puede ser menos que vacío al ser llenado con éter, cuando se convierte en una entidad negativa.

Y lo que ajusta o conecta los dos, lo que media también

en ti entre la presión y la succión, es el astral. No existiría relación alguna entre el frente y la espalda de un cuerpo humano si no fuera por la actividad astral que forma la conexión entre los elementos absorbentes y presionantes. Dirán: No observo este elemento de conexión. Pero intenten seguir el proceso digestivo, y encontrarán el eslabón de conexión muy claramente manifestado. El astral está activo allí, y su actividad se basa en el contraste entre la naturaleza frontal y posterior del ser humano, al igual que la conexión entre el hombre superior (cabeza) y el hombre inferior (miembro) a través del astral se basa en el Ego. Por lo tanto, debemos considerar al hombre, tal como se nos presenta, de manera bastante concreta y dejar claro para nosotros mismos que mientras él tiene existencia en este plano entre el nacimiento y la muerte, imprime su parte astral y su Ego en los elementos absorbentes y productores de presión, pero su ser se manifiesta solo aquí en la Tierra como el mediador entre el frente y la espalda, y entre las partes superior e inferior del cuerpo.

Ahora, ¿qué es este mediador o eslabón de conexión? Es aquello que experimentamos dentro de nosotros cuando sentimos nuestro equilibrio. No movemos bruscamente la cabeza hacia adelante y hacia atrás; nos mantenemos de pie y caminamos erguidos. Acomodamos nuestra postura a las demandas de las leyes del equilibrio. No podemos ver esto, pero lo experimentamos internamente. Cuando pasamos por la puerta de la muerte, nos ajustamos conscientemente a esta condición, de la cual aquí no nos ocupamos. Si solo tuviéramos ojos, entonces estaría oscuro a nuestro alrededor, y si solo tuviéramos oídos, la quietud nos envolvería. Pero también tenemos el sentido del equilibrio y el sentido del movimiento, y así llegamos a poder "experimentar" allí. Participamos en lo que en la Tierra se entiende por "equilibrio" y "movimiento". Nos adaptamos a los movimientos del mundo exterior, nos adentramos en ellos.

Ven, aquí, en la vida entre el nacimiento y la muerte, la única forma en que experimentamos la actividad de la revolución de la Tierra sobre su eje es en nuestro proceso metabólico diario. Debemos tomar nuestras comidas diarias, y esto junto con los procesos digestivos subsiguientes tiene lugar dentro de los límites de las 24 horas, uniforme con una revolución de la Tierra. Estas dos cosas van juntas, una es prueba de la otra. Cuando morimos, la revolución de la Tierra se convierte en algo real, tan real como los objetos visibles aquí. Entonces vivimos con este movimiento terrestre; comenzamos a experimentar este movimiento conscientemente.

También hay otros movimientos relacionados con los cielos estrellados, todos los cuales experimentamos después de la muerte. Considerado correctamente, la descripción de nuestras experiencias ya incluye esta experiencia, porque no nos expandimos en el Cosmos como una medusa, sino que participamos en la vida del Cosmos — y como seres que participan en la vida cósmica, experimentamos al mismo tiempo el ser interno del hombre. Entre el nacimiento y la muerte decimos: Mi corazón está dentro de mi pecho, y en él convergen los flujos o movimientos de la circulación sanguínea. En cierto momento del desarrollo entre la muerte y el renacimiento decimos: En mi ser interior está el Sol — y con esta expresión nos referimos al Sol real, que el físico afirma ser una bola de gas, pero que en realidad es algo completamente diferente. Experimentamos el Sol real de la misma manera que experimentamos aquí el corazón. Aquí el Sol es visible a simple vista, mientras que durante el tiempo entre la muerte y el renacimiento, la evolución del corazón en su camino hacia la glándula pineal, mientras experimenta en el camino una maravillosa metamorfosis, es la causa de experiencias sublimes. El sistema completo de nuestra circulación sanguínea lo experimentamos conscientemente en su transformación; tenemos este sistema dentro de nosotros entre la muerte y el renacimiento, estos fuerzas experimentan transmutación, de modo que, cuando nuevamente llegamos a las puertas de una nueva vida en la Tierra, se convierten en las fuerzas de nosotros — no, por supuesto, la sustancia, sino las fuerzas. Como nuestro nuevo sistema nervioso. Observen los dibujos e ilustraciones dispersos por los libros modernos de anatomía o fisiología y examinen el sistema circulatorio de la sangre en una encarnación. Esto en la próxima encarnación se convierte en la vida de los nervios. (No debemos representar en forma diagramática los sistemas de cabeza, pecho (rítmico) y miembros como existentes uno al lado del otro, porque se interpenetran entre sí). Observen la maravillosa estructura del ojo humano; allí encontramos vasos sanguíneos, coroides y retina (omento). Los dos últimos son transformaciones entre sí. Lo que hoy es retina, en la última encarnación fue coroide, y lo que es coroide hoy será retina en la próxima encarnación. Por supuesto, esto no debe tomarse de manera demasiado literal, pero así es el curso aproximado de los eventos. Así que entenderán que no podemos obtener una concepción esencial del hombre si simplemente lo estudiamos tal como aparece entre el nacimiento y la muerte o incluso a lo largo de las líneas por las cuales se desarrolla a través de las fuerzas de la herencia física. Porque de esta manera entenderíamos al hombre como máximo hasta el sistema circulatorio; ese sería el último proceso que entenderíamos. El sistema nervioso de la vida presente es el resultado de una vida anterior, y nunca podrá ser comprendido si se estudia en conexión solo con la vida presente.

Ahora, mis queridos amigos, les ruego que no objeten lo que he explicado, diciendo que los animales también tienen un sistema nervioso aunque no tengan vidas anteriores. Tal objeción sería en verdad muy miope; porque aunque en el hombre las fuerzas de su sistema nervioso son la transformación de la circulación sanguínea de la vida anterior, eso no implica que lo mismo sea válido en el caso de los animales. Sería tan lógico como ir a un barbero y pedirle que te venda un rastrillo para la mesa de cena — un rastrillo siendo un cuchillo, y los cuchillos formando parte del servicio de cena. ¡Los rastrillos, sin embargo, no lo hacen! Nada lleva dentro de sí su propósito inmediato, ni tampoco un órgano físico. El órgano humano es completamente diferente del órgano animal. Depende del uso que se haga de un órgano. No deberíamos comparar el sistema nervioso humano con el de un animal, sino más bien observar el hecho de que los nervios humanos se han vuelto similares — durante el curso de su evolución — a los nervios animales, al igual que el rastrillo se ha vuelto similar al cuchillo de mesa. Esto demuestra nuevamente que cuando el hombre sigue la línea de investigación materialista ordinaria, no puede llegar a una verdadera conclusión. Sin embargo, ese es precisamente el camino que se sigue hoy en día.

Es este tipo de investigación lo que nos impide llegar a una concepción del hombre como producto del mundo espiritual. Nuestros credos religiosos, como se han desarrollado gradualmente, han cedido demasiado al egoísmo humano. Se podría decir casi que su único y exclusivo objetivo es convencer a sus seguidores de una continuación de la vida después de la muerte, porque el egoísmo de la humanidad lo demanda. Sin embargo, es igualmente importante demostrar a los hombres la continuación en esta vida de una vida prenatal, para que puedan comprender — 'Aquí en esta tierra debo ser una continuación de lo que fui entre la muerte y mi presente nacimiento. Tengo que continuar una vida espiritual aquí en este plano'. Esto, de hecho, no complacerá tanto al egoísmo; pero es algo que debe impregnar nuevamente nuestra civilización, para que la humanidad pueda liberarse de sus instintos antisociales. Traten de imaginar lo que significará cuando podamos mirar un rostro humano y decir: 'Eso no es de este mundo. El mundo espiritual ha estado trabajando en él entre la última muerte y este nacimiento'. Porque llegará un momento en que veremos dentro de lo material la impronta del trabajo espiritual entre la muerte y el renacimiento. De hecho, será un tipo muy diferente de cultura la que guiará a la humanidad entonces; y traerá consigo convicciones y tendencias de pensamiento muy diferentes, que no permitirán la contemplación del Cosmos como una vasta máquina puesta en movimiento por la atracción mutua entre las estrellas — aparte del hecho de que esta abstracción ya ha alcanzado su cenit. La abstracción está profundamente arraigada en nuestra concepción ordinaria del sistema planetario, y hoy produce algunos resultados muy extraños. Por ejemplo, una gran parte de la literatura popular está impregnada de la glorificación de una idea que proviene de Einstein. Se dice que esta idea ha sacudido la teoría de la gravitación. Imaginen eso, lejos de todos los cuerpos celestes — para que se evite una interferencia por un campo de gravedad — hay una caja. Dentro de ella hay un hombre que sostiene una piedra en una mano y algo de plumón en la otra. Suelta ambos de la caja y vean — comienzan a caer — y caen hasta que llegan al suelo. Sí, dice Einstein, los hombres seguramente dirán que la piedra y el plumón caen al suelo. Pero no tiene por qué ser así; porque allá arriba puede estar atada una cuerda y de alguna manera la caja es levantada. La piedra y el plumón — debido a la ausencia de cualquier cuerpo celeste — no caen, sino que permanecen donde están. Cuando el fondo de la caja los alcanza, los lleva consigo.

Este tipo de discusión sobre una abstracción extrema se puede encontrar hoy en la moderna teoría de la relatividad que Albert Einstein ha propuesto. ¡Imaginen cuán lejos ha desviado la humanidad de la realidad! Podemos hablar de relatividad — bien y bueno, ¡pero solo imaginen qué sucedería si esta imagen se tomara en serio! Una caja, a alguna distancia inconcebible de cualquier cuerpo celeste que pudiera atraer (por gravedad) a la piedra y al plumón; y dentro de esta caja un hombre (el aire solo se encuentra, por supuesto, en las cercanías de los cuerpos celestes, pero el hombre está muy feliz y contento; en cuanto a su piedra y su plumón, por supuesto, no necesitan aire!), y ahora la caja está suspendida desde afuera y luego es levantada!

Todo esto es un desarrollo adicional de la teoría de Newton que postuló ese "empuje" o ímpetu que se le da a un globo en dirección a una tangente, de modo que pueda escapar con fuerza centrífuga de la fuerza centrípeta. Cosas como estas realmente forman el contenido de las discusiones científicas hoy en día, y se consideran grandes logros, aunque no son más que un testimonio del hecho de que hemos llegado a la abstracción más extrema, y que el materialismo ha producido un estado de completa ignorancia en la humanidad en cuanto a lo que realmente es la materia, y ha hecho que el hombre viva en una serie de imágenes mentales muy alejadas de toda realidad.

Pero, mis queridos amigos, estas cosas no se observan en lo más mínimo hoy en día, y encontramos que nuestros periódicos proclaman que se ha hecho un nuevo descubrimiento: la teoría de la gravitación ha sido reemplazada por la teoría de la inercia. La piedra y el plumón no son atraídos; permanecen en su lugar original — quizás solo porque podemos imaginar tal cosa — mientras que la caja se levanta! Se puede decir con verdad que tanta tontería se disfraza de genialidad hoy en día que se vuelve difícil distinguir una de la otra. ¿Podemos preguntarnos que en estos tiempos, cuando en muchos otros departamentos del pensamiento también, así como en el que acabo de describir, las ideas de los hombres se han torcido por completo — podemos preguntarnos que finalmente hemos sido llevados a las condiciones de los últimos cinco o seis años! Estas son cosas de las que necesitamos ser recordados una y otra vez.

He tenido que recordárselos hoy, y mañana agregaré algo más sobre la estructura del Universo.

Conferencia Nueve: Sueño, Voluntad y Conciencia

La tarea que subyace a nuestros estudios actuales es, en el sentido más amplio, tratar de comprender el Universo a través de las relaciones existentes entre él y el Hombre. Estoy lejos de querer transmitir la idea a aquellos que han tenido ciertos vislumbres del Universo durante las conferencias anteriores que la verdad de estos asuntos se puede encontrar de alguna manera rápida y fácil como se escucha en la Astronomía ordinaria cuando habla de los movimientos celestes. Sin embargo, me gustaría que los amigos que han venido a la Reunión General no solo escuchen algo que viene justo en medio de una serie consecutiva, sino que en estas pocas conferencias celebradas durante la Reunión General, también tengan una imagen autónoma. Por lo tanto, continuaré nuestros estudios de ayer, dando indicaciones de cómo la concepción de la naturaleza del Hombre lleva a la concepción del Universo, su ser y sus movimientos. Por supuesto, este tema es tan vasto que es imposible agotarlo para los amigos que están presentes ahora. Se continuará más adelante. Para beneficio de aquellos aquí por primera vez esta noche, me gustaría presentarles al menos algunas de las características más destacadas del tema incorporado en conferencias anteriores.

De otras conferencias, todos ustedes conocen la relación

existente en la vida humana entre el estado de vigilia y el sueño. Saben que, en abstracto, la relación es algo así: En el estado de vigilia, los cuerpos físico, etérico y astral, junto con el Ser del Yo, están en una cierta conexión interna; mientras que durante el sueño, tenemos, por un lado, los cuerpos físico y etérico unidos, y por otro, separados de ellos al menos en comparación con el estado de vigilia, tenemos el cuerpo astral y el Yo. Esto, como saben, es simplemente una afirmación abstracta, porque he enfatizado a menudo que en lo que respecta a todo lo que pertenece a la naturaleza de los miembros — que se continúa en la organización interna, y también es el verdadero portador del metabolismo — toda esta parte del hombre, conectada como está al mismo tiempo con la voluntad humana, está realmente en un estado de sueño perpetuo. Debemos estar absolutamente claros en que este estado de sueño continúa con respecto a nuestro organismo interno, cuando nosotros mismos estamos despiertos. Por lo tanto, podemos decir que el 'Hombre de los Miembros' como portador del 'Hombre de la Voluntad', está en un estado permanente de sueño. La Circulación o 'Hombre Rítmico', que puede describirse como estando en el medio entre la organización de la Cabeza y el Hombre de los Miembros (este último se extiende hacia el interior del hombre) persiste en un estado de ensueño continuo. Esto es al mismo tiempo el instrumento externo para nuestro mundo de sentimientos. El mundo de los sentimientos está arraigado completamente dentro de la organización rítmica del hombre y mientras el hombre metabólico, junto con su extensión externa — los miembros — es el vehículo de la voluntad, el hombre rítmico es el vehículo de la vida de los sentimientos, y está relacionado con nuestra conciencia de la misma manera que nuestro estado de sueño con nuestra vida de vigilia. Entre la vigilia y el quedarse dormido, solo estamos realmente despiertos en nuestra vida de ideación y pensamiento.

De esta manera se nos presenta el hecho de que el hombre, en su vida entre el nacimiento y la muerte, está en un estado intermitente de vigilia en lo que respecta a su vida de pensamiento, en un estado de sueño con respecto a sus emociones y sentimientos, de los cuales el hombre rítmico es el vehículo; y está en un estado de sueño continuo en lo que respecta a sus miembros y su sistema metabólico. Debemos darnos cuenta en este punto de que realmente para comprender la naturaleza humana, es necesario fijar nuestra atención en el hecho de la extensión de la naturaleza de los miembros hacia el interior del hombre. Todos los procesos que están conectados en última instancia con la región abdominal, todo lo relacionado con la asimilación, la digestión, así como con la secreción de leche en las mujeres, y así sucesivamente, todos estos procesos son una continuación de la naturaleza de los miembros, dirigidos hacia adentro. Por lo tanto, al hablar de la naturaleza de la voluntad o la naturaleza metabólica, no nos referimos solo a los miembros externos, sino también a la continuación hacia adentro de esta actividad de los miembros. En lo que respecta a todo esto, íntimamente conectado como está con la naturaleza de la voluntad, el hombre está continuamente dormido.

Esto complica la idea abstracta que obtenemos en primer lugar de la partida del Yo y el cuerpo astral; y también hace necesario una comprensión correspondiente de otro hecho importante.

Cuando el fisiólogo materialista de hoy habla de la voluntad, diciendo por ejemplo, que se manifiesta en el movimiento de los miembros, tiene en mente que algún tipo de señal telefónica es enviada desde el órgano central, el cerebro, procede a través de los llamados nervios motores, y así mueve la pierna derecha, por ejemplo. Sin embargo, esto es completamente no probado — de hecho, una hipótesis completamente errónea! Porque la observación espiritual muestra lo siguiente: Si la pierna derecha de un hombre es levantada o movida por la voluntad, ocurre una influencia directa del Ser del Yo del hombre, actuando sobre ese miembro, de modo que realmente es levantado por el propio Ser del Yo; solo que el proceso se lleva a cabo en un estado como el del sueño. La conciencia no sabe nada al respecto. El nervio simplemente nos informa que tenemos un miembro, nos dice de la presencia de dicho miembro. Este nervio como tal no tiene parte en la actividad del Yo sobre ese miembro. Existe una correspondencia directa entre el miembro y la voluntad, que está asociada en el hombre con el Ser del Yo, y en el animal con el cuerpo astral. Todo lo que la Fisiología tiene que decir en lo que respecta, por ejemplo, a la velocidad de transmisión de la llamada voluntad, necesita ser revisado; debería ser impresionado en nosotros que aquí tenemos que ver más bien con la velocidad de transmisión en lo que respecta a la percepción de ese miembro en particular. Naturalmente, cualquier persona iniciada en fisiología moderna puede desafiar esta afirmación de una docena de maneras. Estoy bien familiarizado con estas objeciones. Pero tenemos que tratar de elevar un proceso de pensamiento realmente lógico en este asunto, y encontraremos que lo que digo aquí corresponde con los hechos reales de la observación, mientras que lo que se dice en los libros de texto de fisiología no lo hace.

A veces, de hecho, estas cosas son tan obvias que son evidentes para todos. Así, en una reunión de científicos en Italia —creo que fue en los años 80 del siglo pasado— se llevó a cabo una discusión muy interesante sobre las contradicciones que salieron a la luz entre la teoría habitual de los nervios motores y el movimiento de un miembro. Sin embargo, como la tendencia a tomar nota del aspecto espiritual de las cosas está ausente en la fisiología de hoy, incluso durante una discusión como esta se llegó a poco, excepto que existían contradicciones en la explicación hipotética de un cierto hecho. Sería extremadamente interesante si nuestros amigos eruditos, y los hay entre nosotros, investigaran y probaran la literatura fisiológica y biológica de los últimos 40 años. Harían descubrimientos extremadamente interesantes, si abordaran estos temas. Encontrarían hechos en todas partes, que solo necesitan ser manejados de la manera correcta para confirmar los hallazgos de la Ciencia Espiritual. Sería uno de los problemas más interesantes de los Institutos de Investigación Científica que deberían erigirse ahora, proceder de la siguiente manera: Primero se debe estudiar cuidadosamente la literatura internacional sobre el tema. Debemos tomar la literatura internacional, porque en inglés, y especialmente en la literatura estadounidense, se substantian hechos muy interesantes, aunque estos investigadores no saben qué hacer con ellos. Si examinan los hechos descubiertos y los corroboran, solo se necesita un paso más en la secuencia de la investigación —dada la visión correcta en respuesta a la cual la cosa saldrá y se mostrará, por así decirlo— y hoy se llegaría a magníficos resultados. Una vez que hayamos avanzado lo suficiente para poseer un Instituto así, equipado con aparatos adecuados y el material necesario, los hechos se encontrarán a nuestro alrededor, esperando, por así decirlo. Hoy en día, la gente no nota el impulso universal hacia un Instituto como el que tengo en mente, porque la serie de pruebas y experimentos iniciados siempre se interrumpe justo en los momentos más críticos, simplemente porque las personas ignoran la dirección última de tales experimentos. Se establecerían realmente bases importantes mediante un Instituto así, bases para el trabajo práctico. La gente no sueña en la actualidad con la técnica que resultaría si estas cosas se hicieran realmente, primero como experimentos y luego construyendo a partir de ellos más. Solo falta la posibilidad de ponerlo en práctica.

Esto es solo por cierto. Para volver a nuestro tema, tenemos que ver con una parte del hombre que duerme incluso cuando está despierto. Ahora quiero llamar su atención sobre un hecho que ha desempeñado un papel importante en todas las concepciones más antiguas del Universo. Me refiero a la afirmación de que el punto de partida de los miembros inferiores está bajo el dominio de la Luna, mientras que la región de la laringe, que podemos considerar como el punto de encuentro de los miembros superiores, está asociada con Marte. El hombre de hoy que está profundamente involucrado en la concepción moderna del Macrocosmos, por supuesto que no puede hacer nada de tales afirmaciones; y las tonterías que los místicos y teósofos confusos de hoy dicen o escriben sobre estas cosas no deben ser valoradas de manera especial, porque estos hechos están mucho más profundos que, por ejemplo, las declaraciones repetidas de la teosofía materialista de que primero tenemos materia física gruesa, y luego otra algo 'más fina', luego el astral aún 'más fino' y así sucesivamente. Esas y cosas similares que pasan por teosofía son en realidad ninguna enseñanza espiritual en absoluto, sino una falsedad espiritual, porque no son más que una perpetuación del materialismo.

Declaraciones, sin embargo, que han llegado hasta nosotros como vestigios de la sabiduría antigua, tienen el poder de llevarnos a un estado de verdadera veneración y profunda humildad ante ese conocimiento antiguo del hombre, tan pronto como comenzamos a entender su significado. Estas indicaciones de una sabiduría antigua persistieron, no solo hasta bien entrado en la Edad Media, sino incluso hasta el siglo dieciocho (donde se pueden encontrar en la literatura de la época), y quizás hasta el siglo diecinueve, aunque aquí se han convertido meramente en copias, por así decirlo, y ya no son el resultado directo de una conciencia original y primitiva. Y cuando estas cosas se encuentran introducidas en la literatura bastante moderna, entonces es aún más cierto que son copias. Hasta la parte anterior del siglo dieciocho, sin embargo, todavía podemos encontrar rastros de una cierta conciencia de estas cosas, y aquí nuevamente se pensó en una asociación entre la naturaleza de la Luna y esta región del organismo humano.

Lo que acabo de decir —que el hombre en relación con su naturaleza metabólica de la voluntad está en un estado constante de sueño— se expresa más enérgicamente en los miembros inferiores. En otras palabras, a través de la metamorfosis que los brazos y las manos han sufrido, el hombre arrebata del inconsciente aquello que es realmente la naturaleza de sueño del hombre de los miembros. Si en cierto grado agudizamos nuestra sensibilidad para estas cosas, percibiremos qué diferencia realmente notable existe entre el movimiento de una pierna y el movimiento de un brazo. Los movimientos de los brazos son libres, y en cierto sentido siguen los sentimientos. El movimiento de las piernas no es tan libre —me refiero en lo que respecta a las leyes por las que producimos sus movimientos. Esto, por supuesto, es algo que no siempre se nota, ni se aprecia suficientemente, como lo demuestra el hecho de que la mayor parte del público que asiste a nuestras actuaciones de Eurythmy son simplemente observadores pasivos, y no notan que los movimientos de las piernas son menos articulados y los movimientos de los brazos y las manos más sí. La razón de esto es que, para entender los movimientos de los brazos, es necesaria una cierta cooperación del alma por parte del observador. En nuestra era del cine, la gente no quiere dar esta cooperación. Mientras observan los movimientos de una danza donde solo las piernas están en movimiento, y los brazos como máximo están sujetos a movimientos arbitrarios, hay poco necesidad de pensar o sentir en unión con el bailarín. Esto es por cierto.

Como hemos visto, el proceso más intensamente inconsciente está en conexión con los movimientos de los miembros inferiores. Allí, el hombre está, en cierto sentido, profundamente dormido. Cómo la voluntad actúa en las piernas o en la región abdominal, se pierde completamente para el hombre, debido a este estado de sueño. Con respecto a este proceso, la propia naturaleza del hombre nos devuelve lo que es solo un reflejo del proceso. Por supuesto que seguimos el movimiento de nuestras piernas, pero esta observación no nos hace conscientes de los procesos que tienen lugar en el sistema nervioso mientras la voluntad actúa sobre él; solo el reflejo de esto se manifiesta para nosotros. La naturaleza de nuestro hombre inferior gira un lado, por así decirlo, y solo el otro lado se vuelve hacia nosotros. Es exactamente lo mismo con la Luna. Ella gira alrededor de la Tierra, y es en todo una dama muy cortés, que nunca nos da la espalda, sino que siempre nos muestra el mismo lado. Ella no nos muestra primero un lado, y luego el otro, mientras avanza en su viaje alrededor de la Tierra. Nadie la ha visto alguna vez de espaldas. Por esta razón, nunca recibimos nada de la Luna que pueda denominarse suyo, sino siempre una luz reflejada. En este hecho tenemos un paralelo interno absoluto entre la naturaleza lunar y todo el ser interno del hombre. Cuando miramos hacia la Luna, la entendemos solo en cuanto a su lado formal externo, pero deberíamos tratar de sentir su relación interna con la organización física inferior del hombre. Cuanto más profundizamos en estos asuntos, más encontramos que esto se cumple. Fueron las observaciones simples e instintivas de los Antiguos las que les permitieron darse cuenta de estas relaciones internas entre la naturaleza humana y los cuerpos celestes...

Ahora tomemos el otro hecho: que los brazos, en su conexión con la porción superior del hombre medio o rítmico, despiertan de cierta manera en el hombre; los movimientos de los brazos pueden considerarse al menos equivalentes al estado de sueño. Sentimos que la actividad de los brazos está relacionada de una manera mucho más cercana a la conciencia humana que la actividad de las extremidades inferiores. Por lo tanto, encontramos que un hombre que tiene sentimientos elementales generalmente acompaña su discurso, que está en estrecha relación con el hombre medio, con un gesto de los brazos, como énfasis o como ayuda para explicar su significado. El habla está estrechamente relacionada con la parte superior del hombre rítmico. No supongo que haya muchos oradores que utilicen movimientos de las piernas como ayuda para el habla, o muchas audiencias que consideren tales movimientos atractivos.

Entonces, si sentimos de la manera correcta esta necesidad o tendencia en la naturaleza del hombre, también podemos sentir la verdadera relación entre las manos y los brazos, que pertenecen a la porción superior del hombre de las extremidades, y el hombre medio o rítmico, que tiene como contraparte espiritual la naturaleza del sentimiento. Naturalmente, tratamos de apoyar nuestro discurso, que a menudo corre el riesgo de volverse demasiado abstracto, con gestos de nuestros brazos y manos. Nos esforzamos por proyectar nuestra naturaleza emocional en nuestro discurso.

Hoy en día, en muchos círculos —no los nombraré—, se considera un signo de claridad intelectual abstenerse tanto como sea posible de usar gestos en el discurso. Sin embargo, podemos mirar el asunto desde otro punto de vista y decir: si una persona adquiere el hábito de poner las manos en los bolsillos del pantalón mientras habla, esto no solo puede marcarlo como un hombre de habilidad lingüística, sino también quizás como alguien un tanto indiferente. Ese es otro aspecto del asunto. No estoy hablando a favor de ninguno de estos puntos de vista, pero verán cómo la naturaleza de los brazos indica claramente su conexión no solo con el hombre de las extremidades metabólicas, sino también con el hombre medio, el rítmico o el circulatorio. Esto fue entendido y sentido por los Antiguos cuando conectaron la combinación de habla y movimiento de brazos con la esfera de Marte. Este planeta no está tan íntimamente conectado con la Tierra como lo está la Luna, ni lo que subyace a la base del habla y la organización de los brazos está tan íntimamente conectado con el hombre terrenal como lo está lo que subyace a la organización abdominal y de las piernas. En cierto sentido, podemos decir: lo que en su actividad corresponde a las extremidades inferiores, trabaja muy fuertemente en el hombre inconsciente. Lo que corresponde a los brazos y las manos, sin embargo, trabaja muy poderosamente en el hombre semiconsciente. De hecho, es un hecho que nadie con manos completamente inexpertas, nadie completamente incapaz de realizar movimientos hábiles con los dedos, puede ser un pensador muy sutil. En cierto sentido, buscaría una red de pensamiento burda en lugar de vínculos de pensamiento finos. Si tiene manos toscas, torpes, es mucho más apto para el materialismo que aquel cuyos movimientos de manos son más hábiles. Esto no tiene nada que ver con tener una concepción abstracta del Universo, sino con la verdadera inclinación hacia una visión espiritual del

Universo, que siempre exige ser comprendida en pensamientos finamente entrelazados.

Todos estos asuntos se tienen en cuenta plenamente en una ciencia educativa integral. Probablemente estarían muy contentos si vinieran a nuestra Escuela Waldorf y visitaran el aula donde, desde las diez en punto, se imparten clases de manualidades. Verían a los niños, así como a las niñas, absortos en tejer o hacer ganchillo con diligencia. Estas cosas son el resultado del espíritu entero de la Escuela Waldorf, porque no se trata de escribir diversos programas abstractos, sino de tomarse en serio que para toda la formación del conocimiento humano, uno debería, como maestro, saber la gran diferencia que hace para el pensamiento si entiendo cómo mover mis dedos hábilmente, si soy capaz en circunstancias ordinarias de cruzar el dedo medio sobre el primero, como un caduceo, o no. Los movimientos de nuestros dedos son en gran medida los maestros de la elasticidad de nuestro pensamiento. Estas cosas deben seguirse con comprensión y discernimiento. Es comparativamente fácil adquirir facilidad para cruzar el dedo medio sobre el primero con elasticidad, haciendo una serpiente y el caduceo, pero no es tan fácil hacer lo mismo con el segundo y tercer dedo del pie. En esto vemos qué grandes distinciones hay en toda la organización del hombre. Es muy importante tener esto en cuenta, porque la construcción del pie está íntimamente conectada con toda nuestra naturaleza terrenal humana. Por la organización de nuestras manos nos elevamos por encima de la naturaleza terrenal. Nos elevamos al superterrenal. Esto fue sentido por la sabiduría antigua, porque dijo que el hombre inferior pertenecía a la Luna, pero que la parte del hombre que se elevaba por encima de la naturaleza terrenal pertenecía a Marte. La Sabiduría Primordial sentía la organización en todo el Universo de la misma manera que sentimos la organización que hay en el hombre. Sin embargo, el materialismo ha logrado que ya no entendamos al hombre. Una y otra vez debo enfatizar que la tragedia del materialismo es que dirige su atención hacia la materia, y todo el tiempo no entiende nada de la materia, sino que simplemente pierde la conexión con la existencia material. Por esta razón, el materialismo solo puede causar daño social; para los materialistas socialistas, los marxistas, son, en realidad, solo parlanchines en lo que respecta a la realidad. Esto lo han aprendido de las clases medias que se han entregado a charlas materialistas durante siglos; pero no lo han aplicado a la institución social, y se han conformado con medias verdades. Una filosofía espiritual de la vida revelará una vez más la naturaleza del hombre, no en abstracto, sino como poseedor de un alma y espíritu concretos, que pueden trabajar en cada miembro individual de la organización humana.

Uno no puede avanzar en estas cosas sin volver constantemente al otro lado de la vida; porque este desarrollo que nuestra organización manifiesta es doble, en la medida en que el hombre superior es una metamorfosis del hombre inferior de la última vida terrenal. Hay un punto de tiempo entre la muerte y el renacimiento cuando se produce un cambio completo, cuando lo interno se vuelve externo, cuando lo que se presenta como la conexión entre la organización del hígado y la del bazo se transforma en la estructura entera de sus fuerzas en lo que se convierte en nuestra organización del oído cuando renacemos. Todo el hombre inferior parece transformado. Tenemos hoy en nuestro hombre inferior una cierta relación entre el bazo y el hígado. Se deslizan uno dentro del otro, por así decirlo. Lo que ahora es el bazo se desliza completamente a través del hígado y sale, en cierto sentido, por el otro lado, apareciendo nuevamente en la organización del oído. Lo mismo ocurre con los otros órganos. La gente dice que se deben encontrar pruebas de vidas terrenales repetidas. Bueno, los métodos por los cuales tales pruebas pueden encontrarse primero tienen que ser creados. Cualquiera que sea capaz de observar la cabeza humana de la manera correcta, poseyendo un sentido para tal observación, llega a comprender cómo la transformación del hombre inferior en la cabeza humana; pero no puede entenderlo sin llenar los estadios intermedios de las experiencias entre la muerte y el renacimiento.

En esta conexión se experimentan cosas muy notables. Tal vez les asombre a algunos de ustedes cuando digo que un artista que se ha familiarizado con nuestra concepción del Universo dijo: "Todo lo que dice la Antroposofía es muy hermoso, pero no hay ninguna prueba. De Rochas, por ejemplo, ha dado pruebas, porque ha mostrado cómo en ciertas condiciones de hipnosis pueden surgir recuerdos de vidas terrenales anteriores." Parecía muy notable que un artista de todos los que dijera tal cosa. Podría haberle asegurado que es como si yo le dijera a él: "Mi querido amigo, tus cuadros no me dicen nada; muéstrame primero el original de ellos, entonces creeré que son buenos", o algo así. Eso, por supuesto, sería una tontería. Tan pronto como abandona su propio dominio, sin embargo, no tiene poder para entender cómo, de lo que tiene ante sí, de la verdadera forma de la cabeza humana, se puede llegar a lo que se expresa en esta cabeza humana. La imagen debe hablar por sí misma, no a través de la mera semejanza con el original. La cabeza humana habla por sí misma. Corresponde a la realidad. Es el hombre inferior transformado y nos señala de vuelta a la vida terrenal anterior. Sin embargo, primero hay que proporcionar lo que hará posible entender la realidad correctamente.

Lo físico se ve así como una expresión directa de lo Espiritual. Es posible entender al hombre físico como una expresión de lo Espiritual que se experimenta entre la muerte y el renacimiento. El mundo físico se explica a sí mismo y trae el mundo espiritual a esta explicación. Pero primero debemos saber esto, diciéndonos a nosotros mismos: los fenómenos de la naturaleza son solo la mitad, siempre y cuando los tengamos como meros fenómenos sensoriales. Primero debemos saber esto. Entonces podemos encontrar el puente y entender el evento que le dio a la Tierra su verdadero significado —el evento del Gólgota—; entonces podemos entender cómo un evento puramente espiritual puede al mismo tiempo ingresar directamente en la vida física. Si un hombre no está preparado para ver la relación entre lo físico y lo espiritual correctamente, nunca podrá entender el hecho de que el Evento del Gólgota sea tanto un Evento espiritual como un Evento del plano físico. Cuando en el octavo Concilio Ecuménico General, en el año 869, se eliminó al Espíritu, se hizo imposible entender el Evento del Gólgota. El punto interesante es que mientras las Iglesias Occidentales partieron del Cristianismo, se cuidaron mucho de que no se entendiera la esencia del Cristianismo. Porque la naturaleza y la esencia del Cristianismo deben ser comprendidas por el Espíritu. Los credos occidentales se enfrentaron al Espíritu, y una de las principales razones por las que la Antroposofía está prohibida desde el lado católico romano es que en la Antroposofía tenemos que renunciar a la afirmación errónea de que 'el hombre consiste en alma y cuerpo' y volver a la verdad de que 'el hombre consiste en cuerpo, alma y Espíritu'. La prohibición indica el interés que se tiene en ese lado para evitar que el hombre llegue al conocimiento del Espíritu, y así llegar al verdadero significado del Evento del Gólgota. Así, todo el conocimiento que, como vemos, arroja tanta luz sobre la comprensión del Hombre, se ha perdido por completo.

Entonces, ¿cómo se debe construir una ciencia educativa para la humanidad de hoy, cuando se ha perdido la visión de la verdadera naturaleza del Hombre? Ser un educador significa resolver esos sublimes enigmas que el niño nos propone, a medida que gradualmente saca lo que se ha depositado en él entre la muerte y el renacimiento. Sin embargo, los credos solo cuentan con la vida post mortem —para complacer el egoísmo humano; no han calculado que la vida humana en la Tierra debería ser considerada como una continuación de la vida celestial. Exigir al hombre que se pruebe digno del reclamo hecho sobre él antes de ingresar a la vida terrenal a través del nacimiento requiere cierto desinterés de vista, mientras que los credos han calculado principalmente con el egoísmo hasta el momento. Aquí, en la Antroposofía, todo lo que tiene la naturaleza de credo o fe adquiere, por así decirlo, un color moral. Aquí, el conocimiento puramente teórico se transforma en una visión y concepción ética superior del Universo. Esto debería ser entendido por los amigos de la Antroposofía. Deberían entender que, en cierto sentido, una inclinación moral hacia la espiritualidad es la condición preliminar para un conocimiento de los seres espirituales. En nuestro tiempo difícil actual, es especialmente necesario prestar atención a este lado moral de la concepción del Universo. Si echamos un vistazo a lo que está ocurriendo en el mundo exterior, debemos decir que la charla vacía, que es hermana de la falsedad, es lo que ha resultado del materialismo, incluso para la experiencia ética de la humanidad. Esto se volvería cada vez más fuerte si la humanidad no fuera ayudada por el conocimiento que conduce al Espíritu, y que debe unirse con un aumento del sentido moral interno del hombre. Deberíamos adquirir una comprensión de cómo una concepción del mundo espiritual-científica se relaciona con las tareas y toda la dignidad del Hombre y deberíamos tomar este sentimiento como punto de partida de nuestro conocimiento. Esto es más que necesario para la humanidad hoy, ¡y uno querría encontrar nuevas frases, nuevas formas de expresión en las que describir este aspecto de la tarea de la Ciencia Espiritual!

Conferencia Diez: Pensamiento humano y voluntad del universo

Entender el mundo sin entender al hombre es imposible. Esa es la conclusión a la que llegamos a partir de nuestros estudios aquí. Y por esa misma razón, hoy deseo contribuir un poco más a la comprensión del hombre. Comencemos entonces desde la disparidad entre la organización de la cabeza y la del hombre de los miembros, un tema del que ya hemos hablado con frecuencia aquí.

En primer lugar, les recordaría que la organización de la cabeza, tal como nos encontramos en la vida entre el nacimiento y la muerte, es el resultado de todos esos procesos formativos que han tenido lugar desde la última muerte hasta la encarnación terrenal de esta vida presente. De esto debemos concluir que todo lo relacionado con la organización de la cabeza, en su conformidad con la ley, no sigue las reglas y fuerzas a las que estamos adaptados como seres terrenales. A través de la organización corporal que recibimos en esta encarnación particular, estamos adaptados a la vida terrenal. Hemos hablado un poco de cómo se manifiesta esto. Completamos una revolución, de tomar alimento y digerirlo, cada 24 horas. De esta manera nos ajustamos con respecto al ciclo de alimentación y digestión al movimiento de la Tierra en 24 horas. Por lo tanto, algo se realiza en nosotros, por así decirlo, que se asemeja a lo que sucede en los procesos de la Tierra dentro del Universo. Sin embargo, nuestra cabeza prácticamente la traemos con nosotros en su organización al nacer; por lo tanto, la cabeza está ajustada principalmente no a las relaciones terrenales, sino a aquellas que son realmente de más allá de la Tierra. La cabeza, por lo tanto, está en una posición peculiar en relación con el resto del hombre. Una comparación puede servir para aclarar la posición de la cabeza del hombre durante los primeros períodos de su vida en la Tierra.

Supongamos que estamos a bordo de un barco. El barco realiza varios movimientos en diferentes direcciones. Si tenemos una brújula, vemos que el ajuste de la aguja magnética no sigue el movimiento del barco, sino que siempre apunta al Polo Norte magnético. Es independiente de los movimientos del barco. Los movimientos del barco pueden de hecho regularse por la posición constante de la aguja magnética. En cierto sentido, es lo mismo con la cabeza humana. El hombre hace muchas cosas en el mundo físico con el resto de su organismo: la cabeza, en cierto sentido, no participa en lo que hace en la vida terrenal. Siempre está organizada con sus fuerzas innatas de acuerdo con lo extraterrenal. Es un hecho muy importante que tengamos en la cabeza humana algo organizado de esta manera para lo extraterrenal. Sin embargo, siempre hay una interacción entre la organización de la cabeza y la del resto del hombre. Esta interacción solo se completa gradualmente en el transcurso del tiempo que pasa entre el nacimiento y la muerte. La cabeza, como la recibimos de los mundos supraterrenales al nacer, está organizada principalmente para la vida de la ideación. Está en cierto sentido construida de tal manera que la vida de las ideas puede usarla como instrumento. Si se desarrollara solo sobre la base de las fuerzas que recibe al salir de los mundos supraterrenales, se desarrollaría únicamente como un órgano de ideación o pensamiento; nuestra conexión con el mundo a través de la organización de la cabeza se perdería por completo con el tiempo. Pasaríamos, por así decirlo, a través de la vida terrenal con nuestra conciencia desarrollando ideas solo, es decir, no más que imágenes de la vida terrenal. Nos volveríamos cada vez más conscientes de extender más allá de nuestra organización que está conectada con el ser terrenal, de extender más allá con nuestra cabeza; como si a través de nuestra cabeza fuéramos seres extraños a la Tierra y desarrolláramos solo imágenes de todo lo que está relacionado con la vida terrenal.

Esto no es así, y precisamente por la razón de que el resto del organismo envía sus fuerzas a la cabeza. Si indagamos en la calidad de estas fuerzas, que desde la infancia en adelante se dirigen cada vez más desde el resto del organismo hacia la cabeza, si deseamos describirlas, debemos buscarlas particularmente en las fuerzas de la Voluntad. El resto del organismo impregna continuamente la naturaleza del Pensamiento de la cabeza con fuerzas de Voluntad. Así que podemos decir, en efecto, hablando diagramáticamente, que adquirimos la cabeza como el portador de ideas, como resultado de la encarnación anterior; mientras que las fuerzas de la Voluntad se envían a ella desde el resto del organismo. Lo que se acaba de decir tiene lugar no solo en la vida del alma, sino que también muestra sus efectos en la vida corporal.

Como hombres de cabeza, nacemos en este mundo terrenal como seres de pensamiento e ideación, y las fuerzas de ideación son al principio muy poderosas. Irradian desde la cabeza hacia el resto del organismo, y son ellas las que durante los primeros siete años de vida permiten que las fuerzas que se manifiestan en la segunda dentición trabajen fuera de nuestro organismo, estas mismas fuerzas nos consolidan también la vida del Pensamiento, que no se consolida hasta que adquirimos los segundos dientes. Son las fuerzas reales que producen los dientes; por lo que cuando tenemos los dientes, estas fuerzas se liberan y pueden afirmarse en la vida de las ideas. Entonces pueden formarse ideas, y de manera correspondiente construir el poder de la memoria. Las ideas claramente delineadas pueden comenzar a encontrar un lugar en nuestro pensamiento. Sin embargo, mientras empleamos las fuerzas en la formación de los dientes, no pueden manifestarse como verdaderas fuerzas consolidadoras en la vida de las ideas.

A medida que crecemos más allá del séptimo u octavo año, la Voluntad, que está esencialmente ligada al hombre inferior y no a la cabeza, comienza a manifestarse, y ahora llega el momento en que, por así decirlo, dispara sus fuerzas hacia la cabeza. Sin embargo, esto no puede llevarse a cabo tan fácilmente; porque nuestra cabeza, que está organizada para lo extraterrenal, no sería capaz de recibir estas fuertes fuerzas que el sistema metabólico, como vehículo de la Voluntad, desea enviar hacia ella. Estas fuerzas deben ser detenidas primero; deben hacer una pausa hasta que estén lo suficientemente filtradas, atenuadas, dándoles más carácter de 'alma', para que su influencia se haga sentir en la cabeza. Esta parada se hace al final del segundo período septenario. Cuando las fuerzas de la Voluntad son detenidas en la organización de la laringe — pues así es como se manifiestan; en la organización masculina estallan repentinamente en el cambio de voz. En la organización femenina se manifiestan de manera diferente. Estas son las fuerzas de la Voluntad que se detienen, por así decirlo, antes de llegar a la cabeza. Por lo tanto, podemos decir que al final de nuestro segundo período septenario, las fuerzas de la Voluntad son detenidas en la organización del habla. En ese momento están lo suficientemente filtradas y "almas" como para hacer sentir su influencia en la organización de la cabeza. Habiendo alcanzado la edad de la pubertad, y el cambio de voz que va paralelo a ella, hemos alcanzado el punto en el que la facultad de pensamiento e ideación puede trabajar junto con la Voluntad en la cabeza.

Aquí tenemos un ejemplo de cómo, con nuestra Ciencia

Espiritual, podemos señalar concretamente eventos. Las filosofías abstractas que ejercen su influencia en la época moderna —por ejemplo, "El Mundo como Voluntad y Representación" de Schopenhauer— permanecen todas en lo abstracto. Schopenhauer se esforzó por describir el mundo en su carácter ideal por un lado, y su carácter de voluntad por el otro; pero él permanece, por así decirlo, en lo meramente abstracto. Lo mismo ocurre con Eduard von Hartmann. Todos permanecen en lo abstracto. Ser concreto es observar cómo, a través de estos dos descansos —en los primeros y segundos períodos septenarios—, de formas muy definidas y distintas, la Idea y la Voluntad se encuentran en el sistema cósmico de la cabeza humana. Lo esencial es que podemos señalar aquello que es del alma y del espíritu y mostrar cómo se manifiesta y se revela en el mundo físico exterior. Así también, vemos que las fuerzas de la cabeza, que se envían al cuerpo y se manifiestan en la formación de los dientes, trabajan junto con las fuerzas del cuerpo enviadas a la cabeza, que se preparan, por lo que experimentan en la formación del habla, para convertirse en verdadera voluntad del alma. En la formación del habla, se detienen y se retienen, y solo entonces avanzan hacia la cabeza.

Así que debemos entender al hombre en su proceso de formación, y observar qué es lo que realmente sucede con él. He dicho que la cabeza humana no está más ajustada a las relaciones terrenales del hombre que la aguja magnética a los movimientos del barco. La aguja es independiente de ellos, y la cabeza humana está de la misma manera independiente de la conexión terrenal.

Aquí tenemos algo que gradualmente conduce al concepto fisiológico de la libertad. Aquí tenemos la fisiología de lo que he expuesto en mi "Filosofía de la Actividad Espiritual", es decir, que solo se puede entender la libertad al comprenderla en el pensamiento libre de sentido —es decir, en los procesos que tienen lugar en el hombre cuando dirige el pensamiento puro por su Voluntad y lo orienta de acuerdo con ciertas direcciones definidas.

Vemos cómo el hombre llega paso a paso a estudiar correctamente la relación mutua del alma y el espíritu y lo físico-corporal, y cómo el proceso de formación del habla puede ser realmente entendido al concebirlo como un producto de dos fuentes de las que se abastece el ser humano —las fuentes que están en el hombre de la cabeza, por un lado, y en el hombre de los miembros, por el otro.

Ahora podemos experimentar más plenamente lo imposible que es decir que algún tipo de comunicación de la voluntad se lleva del cerebro a través de los nervios motores. El cerebro solo obtiene su pleno poder de voluntad del resto del organismo. Por supuesto, no deben imaginarse esto como si pudieran dibujarlo en un diagrama, porque el proceso de formación del habla no solo se preparó anteriormente, sino que es algo que atraviesa toda la vida y solo aparece en su característica más marcada en el tiempo especial de transición. Por lo tanto, debemos entender claramente cómo el hombre está adaptado a una vida terrenal y también extraterrenal.

Está tan adaptado a la vida terrenal que ciertas fuerzas que el animal lleva a su conclusión, el hombre no las lleva a su conclusión en su organización puramente natural. El animal, por así decirlo, nace equipado de antemano para todas sus funciones. El hombre debe ser enseñado a adquirir estas funciones para sí mismo. Lo que sucede así en el hombre es realmente solo una expresión externa de algo que sucede en él orgánicamente. Si estudiamos correctamente el metabolismo del animal, encontramos que va más allá que el del hombre. El metabolismo del hombre debe detenerse en un lugar de detención anterior. Lo que en el animal se lleva a cierto punto —debe ser detenido en el hombre en un punto anterior. Expresado superficialmente, el hombre no lleva la digestión tan lejos como el animal; el proceso digestivo cesa antes. Retiene, a través de la digestión detenida, fuerzas que se convierten en el vehículo para lo que envía a la cabeza a través de la Voluntad.

Como ven, la naturaleza humana es complicada; y si uno no desea tomarse la molestia de estudiar realmente sus complicaciones —entonces, ¡se llega a una ciencia como la que tenemos en la ciencia externa de hoy! No se llega a la verdadera naturaleza del Hombre. La naturaleza esencial del Hombre solo se revelará cuando se permita que la Ciencia Espiritual ilumine la ciencia natural. Sin embargo, si es como he descrito, y la conexión entre el Hombre y el mundo extrahumano fuera de él es como la hemos descrito en estos estudios, entonces verán que el mundo extrahumano solo puede existir para el Hombre si tiene cierta semejanza con él, con su organización. Hemos visto que como hombres de miembros estamos adaptados a las relaciones terrenales, pero que a través de la organización de la cabeza nos hemos alejado como si fuera de las relaciones terrenales, como la brújula del barco en el barco. Ahora algo de este tipo también debe tener lugar en el mundo extrahumano. Debe, por ejemplo, haber una adaptación a la naturaleza de los miembros humanos. Algo debe levantarse más allá, debe haber algo que no pertenezca.

¿Cómo estudia la ciencia natural moderna al Hombre? Lo estudia como si no tuviera cabeza. Por supuesto, también estudia la cabeza, pero ¿cómo? Como una especie de apéndice al resto de su organismo. Lo que la ciencia natural produce para la comprensión de la naturaleza humana solo está calculado para explicar la parte fuera de la cabeza, no la cabeza humana en sí; esa debe explicarse desde el mundo espiritual.

Podría haber usado la siguiente comparación. Podría haber dicho —ya he hablado de ello recientemente— que la cabeza humana se sienta sobre el resto del organismo humano como la gente se sienta en un vagón de ferrocarril. No toman parte personal en el movimiento. Se sientan quietos y permiten que el carruaje se mueva.

De la misma manera, la cabeza humana se sienta cómodamente. Considera al resto del organismo que está adaptado al mundo exterior, como su cochero, y permite que lo lleven. Está organizada para un mundo muy diferente. Y así debe ser también en el mundo exterior. Una historia natural del hombre, como la que tenemos hoy, realmente habla de un hombre sin cabeza, no entiende su verdadera naturaleza en absoluto. Y una astronomía construida sobre los mismos principios no correspondería al mundo extraterrenal en su totalidad, sino solo a una parte de él; la otra parte que se retira de esta parte principal, ni siquiera se considera. De hecho, la tendencia de la ciencia natural durante los últimos tres o cuatro siglos ha sido tal que ha desarrollado los movimientos del Universo, ignorando un cierto contenido de este Universo, al igual que el resto de la ciencia natural ignora la cabeza humana. Por lo tanto, la astronomía ha derivado formas de movimientos como 'La Tierra gira en una órbita elíptica alrededor del Sol', que son tan poco correctas para el Universo como la ciencia natural de hoy para todo el ser humano. No corresponden a los hechos reales. Por lo tanto, debemos señalar con tanta frecuencia que la visión copernicana debe ser fructificada por la Ciencia Espiritual. Muchos místicos y también teósofos, les gusta predicar: 'El mundo de los sentidos que nos rodea es Maya'. Pero no sacan la conclusión lógica final, de lo contrario tendrían que decir: 'Incluso el mundo del sistema copernicano, este movimiento de la Tierra alrededor del Sol es maya, es una ilusión, y debe ser revisado.' Porque debemos darnos cuenta de que dentro de él hay algo que ya no puede ser reconocido sobre la base de la hipótesis empleada por Copérnico, Galileo —o incluso Kepler— que toda la naturaleza del Hombre puede ser comprendida desde los principios de la ciencia moderna.

Ahora bien, cuando tratamos un tema como este, al mismo tiempo debemos señalar algo que ya ha tenido lugar en la evolución humana. Si recordamos lo que hemos dicho a menudo —que en la antigüedad había una especie de sabiduría primordial de la que el hombre solo tenía una conciencia atávica soñadora, pero que en su contenido superaba con creces lo que hemos adquirido desde entonces— si recordamos todo esto, no nos resultará difícil tener presente también que la idea del mundo que se tenía en la antigüedad era muy diferente de cualquier cosmología posible hoy. Porque ¿cuál era la cosmología de nuestros antepasados —es decir, de nosotros mismos en nuestras vidas terrenales anteriores? ¿Cuál era?

He hablado a menudo en conferencias públicas sobre algo que me gustaría expresar aquí. Cuando contemplamos la miseria del tiempo presente, encontramos el hecho peculiar de que toda la inteligencia de la humanidad moderna se ha desarrollado de una manera que está bastante alejada de la realidad. Es un hecho peculiar que, en la vida práctica, encontramos más personas ineficientes que eficientes. Esto es patente, por ejemplo, como he mostrado, en el hecho de que en el siglo diecinueve hubo mucha discusión sobre el efecto del patrón oro en las relaciones económicas internacionales. Puedes revisar los informes parlamentarios de ese siglo e intentar formarte una idea de lo que la gente pensaba en ese momento que sería el resultado del monometalismo, el patrón oro. Lo consideraban como algo que haría posible el libre comercio sin obstáculos por imposición de aranceles. En todos los dominios económicos unidos del mundo esto fue predicho donde se ensalzaba el patrón oro. ¿Qué ha sucedido realmente? La imposición de aranceles. Poco a poco las relaciones reales se han desarrollado de tal manera que en todas partes se han impuesto aranceles. Ese es el resultado real.

Juzgando superficialmente uno podría decir: ¡Bueno, esas personas debieron haber sido muy estúpidas! Pero no lo eran en absoluto; entre aquellos que se habían comprometido a promover el libre comercio mediante el patrón oro, había personas muy capaces e inteligentes, pero no tenían sentido de la realidad, razonaban solo según la lógica. No podían sumergirse en las verdaderas relaciones, así como nuestros científicos modernos no pueden comprender la organización del corazón, el hígado, el bazo, y así sucesivamente. Formulan teorías abstractas y se aferran a ellas; aunque son materialistas, permanecen arraigados en lo abstracto. Es por eso que es posible tal acontecimiento como el relacionado en la siguiente anécdota, que está basada en hechos y es realmente muy iluminadora.

En cierta Academia de ciencias había un fisiólogo, un

hombre erudito, que desarrolló una teoría sobre la longitud variable de tiempo que ciertas aves pueden ayunar. El elaboró un hermoso programa. Colocó grandes jaulas de pájaros en su pasillo y dejó morir de hambre a esos pájaros para averiguar cuánto tiempo podían vivir sin comida. Registró los tiempos y obtuvo algunos números grandes y hermosos como resultado. El elaboró todo esto en un artículo que leyó en una Reunión Académica. Ahora en la misma casa vivía en el piso de arriba otro fisiólogo que no aplicaba los mismos métodos. Después de que se hubiera leído el tratado erudito, él se levantó y dijo: 'Debo objetar desafortunadamente que estas cifras no son correctas, porque tuve tanta compasión por los pobres pájaros que los alimenté de paso.' ¡Ahora las cosas no siempre tienen que suceder exactamente así! Esto es una anécdota. Pero está basada en hechos; y realmente mucho del material subyacente a nuestra ciencia exacta se ha obtenido de manera similar. Alguien en segundo plano ha "alimentado a los pájaros" en lugar de dejarlos morir de hambre como indicaba el cronograma. Si uno tiene un sentido de la realidad, no puede trabajar muy bien con métodos estadísticos de ese tipo; no ofrecen muchas promesas. Pero este sentido de la realidad está completamente ausente en la humanidad moderna. ¿Por qué es así? Es debido a una cierta necesidad de la evolución de la humanidad; y podemos entender el asunto de la siguiente manera:

Imagínatelo de esta manera. El hombre de tiempos

antiguos miraba este mundo exterior. Por medio de todo lo que llevaba dentro de él, contemplaba las relaciones y conexiones del mundo exterior. También formaba su teoría de las estrellas a partir de su propio sistema estelar interno. Tenía "un sentido de la realidad" y lo llevaba en sus sentidos. Este sentido de la realidad ha desaparecido en el curso de la evolución del hombre. Tendrá que ser desarrollado nuevamente, tendrá que ser desarrollado en el mismo grado internamente como lo era externamente antes. Realmente debemos cultivar este sentido de la realidad en nuestro ser interno mediante la formación que recibimos en la Ciencia Espiritual; solo entonces podremos desarrollarlo en el mundo exterior. Si el hombre continuara en el camino en el que ha estado evolucionando con la intelectualidad moderna, al final sería completamente incapaz de percibir lo que está sucediendo a su alrededor, y entonces fácilmente podría suceder que mientras se escucha el grito, '¡Viene el Libre Comercio!', en realidad serán establecidas las restricciones aduaneras. Esto está sucediendo continuamente en los diversos ámbitos de la llamada vida práctica. Lo que sucedía entonces en algo grande sucede hoy en pequeñas cosas en todas partes. El "hombre práctico" predice una cosa, sucede lo contrario. Sería interesante llevar un registro de lo que los "hombres prácticos" han predicho como "seguro de suceder" durante los últimos años de la guerra. Siempre sucedía lo contrario, especialmente en los últimos años, precisamente porque ya no había ningún sentido de la realidad entre las personas. Sin embargo, este sentido puede surgir de ninguna otra manera que no sea desarrollándolo primero dentro. En tiempos futuros, nadie será considerado un hombre práctico o un pensador orientado a la realidad, que desprecie educarse en su ser interno a través de la Ciencia Espiritual, de una manera que no se pueda hacer a través del mundo exterior hoy en día. Debemos llevar al mundo exterior lo que desarrollamos dentro. De ahí la necesidad de la Ciencia Espiritual; ya que las personas no pueden llegar a la relación del corazón con el hígado si primero no adquieren el método para ello mediante una formación en la Ciencia Espiritual. En tiempos anteriores la gente podía decir: el corazón está relacionado con el hígado algo así como el Sol con Mercurio en el mundo exterior; y el hombre sabía algo de cómo esta relación del Sol con Mercurio fue llevada del mundo suprasensible al mundo de los sentidos. Esto ya no se entiende ahora, ni puede ser comprendido completamente si no se adquiere desde dentro el fundamento, el impulso básico para esta comprensión. No es solo a través de la clarividencia que el hombre puede hacerlo suyo. Por medio de la clarividencia se investigan los hechos de la Ciencia Espiritual; pero el hombre adquiere este sentido cuando entra con todo su pensamiento y sentimiento en lo que ya ha sido descubierto por métodos clarividentes, y regula su vida en consecuencia. Ese es el punto esencial. Lo que importa es estudiar las conclusiones de la Ciencia Espiritual, no para satisfacer una curiosidad por la clarividencia. Eso debe ser enfatizado una y otra vez. Porque en todo el desarrollo de la cultura humana, esta aplicación de los métodos de la Ciencia Espiritual a la vida exterior y al conocimiento del gran mundo, el mundo fuera del hombre, es de una importancia bastante especial.

Cuando consideramos lo que así tenemos que considerar como la organización original de la cabeza, cuando la consideramos en el curso de nuestra vida, vemos cómo gradualmente se impregna con todo en nuestra organización que está adaptado al mundo exterior. Así debemos aprender a entender el mundo exterior del hombre desde el propio organismo humano, desde la organización de los miembros humanos; y allí, solo tales cosas como he insinuado pueden ayudarnos. He mostrado el contraste que existe entre las condiciones de vigilia y sueño del hombre. Estas son condiciones contrastantes, y cuando una condición pasa a la otra, es decir, cuando nos despertamos y cuando nos quedamos dormidos, entonces pasamos por un punto cero de nuestra existencia. El momento de despertar y el momento de quedarse dormido deben tener algo que ver uno con el otro.

Esto indica que si tratamos de convertir el curso diario del hombre en una figura geométrica, no podemos emplear ni un círculo ni una elipse; porque si atribuyéramos a la condición de sueño una parte de la elipse, las condiciones de despertar y quedarse dormido deberían separarse; y esto no pueden hacerlo. Veremos cómo incluso en la apariencia exterior presentan una similitud; no pueden separarse. Así que no podemos dibujar la figura geométrica que debe corresponder con la rutina diaria del hombre en una forma circular ni en una forma elíptica. Solo podemos dibujarla como una línea en bucle, un lemniscate[1]. Cuando decimos: El hombre se duerme de la condición de vigilia a la condición de sueño, entonces con el lemniscate es posible mostrarlo saliendo del sueño nuevamente a través de la misma condición; y tenemos una curva, una línea que realmente corresponde al curso diario de la vida humana. No hay otra línea para el curso diario de la vida que el lemniscate, ya que ninguna otra línea llevaría el despertar a través del mismo punto que el quedarse dormido.

Hay más que esto. Si prestamos atención a la evolución humana en la infancia especialmente, tenemos que decir: nos despertamos virtualmente igual que nos quedamos dormidos. Nos despertamos igual en lo que respecta a las condiciones alternas principales de vigilia y sueño. Pero si observamos correctamente la vida, no podemos excluir la condición de sueño de la vida humana en su conjunto. Instruimos a nuestros hijos

---

[1] Un lemniscate es una curva matemática que tiene forma de ocho (∞), también conocido como el símbolo del infinito. Esta curva es simétrica respecto a su eje central y se puede describir geométricamente como el conjunto de puntos cuya multiplicación de distancias a dos puntos fijos (llamados focos) es constante. El lemniscate se utiliza en diversas áreas de las matemáticas y la física, y también tiene significados simbólicos en otras disciplinas, como la filosofía y la espiritualidad. En el contexto del texto de Rudolf Steiner, el lemniscate se utiliza para representar el ciclo de la vida humana, incluyendo los estados de vigilia y sueño, así como para simbolizar la conexión entre la evolución humana y el cosmos (N. del E.)

durante el día. De todo lo que traemos al niño, mucho de ello no es suyo de inmediato, sino que lo será solo al día siguiente, después de que el Yo y el cuerpo astral hayan pasado por la condición nocturna; solo entonces el niño recibe debidamente lo que le hemos dado durante el día. Siempre debemos tener esto en cuenta y regular nuestra enseñanza y educación en consecuencia. Así que en lo que respecta a la condición alterna del día y la noche, podemos decir: nos dormimos y al despertar llegamos al mismo lugar donde nos quedamos dormidos; pero en cuanto a la evolución humana, tendremos que decir: avanzamos un poco. Progresamos en otra dirección.

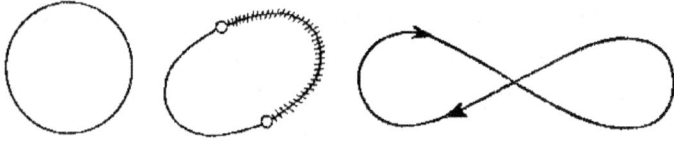

Por lo tanto, no podemos dibujar la línea completamente como un lemniscate; sino de tal manera que salgamos un poco más adelante, y así logremos un lemniscate progresivo. (A).

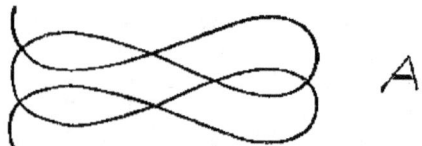

Así que cuando observamos las condiciones alternantes de vigilia y sueño, y continuamos con la evolución, obtenemos una espiral. Esta espiral está conectada en última instancia con nuestra evolución, y nuestra evolución está nuevamente conectada con todo el sistema cósmico. Por lo tanto, debemos buscar esta misma línea como la base de los movimientos del Universo. Si, en lugar de geometría abstracta, el hombre hubiera aplicado geometría concreta al espacio celestial, la geometría concreta que procede de un estudio del hombre completo, habría llegado a algo diferente. Porque en la antigua sabiduría se tenía esta línea (A). Y no se hablaba de Marte como moviéndose a lo largo de ningún otro tipo de línea que no fuera esta. Gradualmente, todo fue olvidado. El hombre calculó en lugar de saber. ¿Cuál fue el resultado? Fue una línea que avanza así (B). Pero en esa línea uno no puede avanzar más.

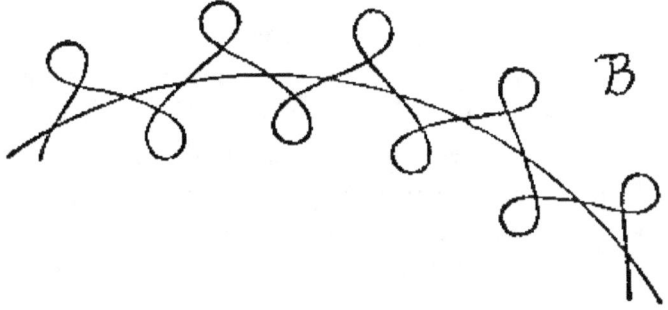

Entonces, el hombre tomó esta línea y colocó círculos sobre ella (C) y adquirió la teoría de la epicicloide.

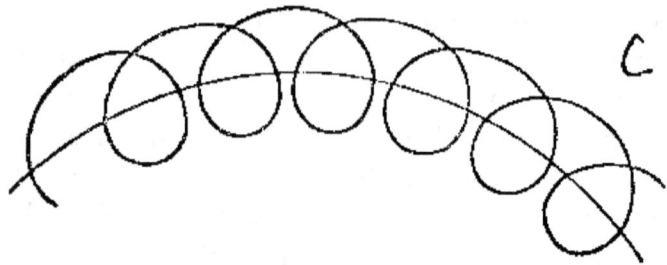

La teoría ptolemaica es el último vestigio de la antigua sabiduría primordial. Sobre su base, Copérnico hizo una simplificación adicional, y la astronomía moderna todavía especula sobre eso hoy en día, pero de tal manera que prefiere considerar elipses y círculos que esa línea curva hacia adentro que presenta una espiral continua. Luego la gente se pregunta por qué las observaciones no coinciden con los cálculos, y por qué se tienen que hacer correcciones continuamente.

Reflexiona sobre cómo toda la teoría de la Relatividad se ha construido sobre un error en el tiempo de rotación de Mercurio. Sin embargo, la corrección se intentó de una manera diferente a la que habría sido el caso si se hubiera vuelto a la relación del Hombre con todo el Cosmos. De esto más en la próxima conferencia.

Conferencia Once: De Saturno a Venus y Mercurio

Traje ayer la atención al hecho de que lo que está presente en el hombre señala algo correspondientemente presente en el Cosmos fuera de él. Lo que ahora tenemos que notar especialmente en el hombre es la relación de la cabeza con un mundo más allá de la Tierra, un mundo que yace fuera del mundo en el que el resto del organismo humano es dependiente. La cabeza apunta claramente al mundo a través del cual pasamos entre la muerte y el renacimiento, su organización entera está modelada de tal manera que forma un eco distinto de nuestra estancia en el mundo espiritual. Ahora veamos el fenómeno correspondiente en el Cosmos.

Solo necesitamos comparar el comportamiento de Saturno, que se encuentra muy lejos en el Universo, con el de la Tierra, para notar cierta diferencia. La astronomía reconoce esta diferencia al decir que Saturno da la vuelta al Sol en 30 años, la Tierra en un año. Ahora no nos detendremos a discutir si estas afirmaciones son correctas o si muestran una visión superficial. Solo señalaremos el hecho de que la observación que se puede obtener siguiendo a Saturno en el espacio cósmico y comparando la rapidez de su progreso con la de la Tierra, nos lleva a la conclusión de que según el sistema astronómico de Copérnico y Kepler, Saturno necesita 30 años y la Tierra solo un año, para dar la vuelta al Sol. Al mirar a Júpiter, le asignamos una revolución que dura 12 años. Mucho más corta es la de Marte. Y cuando llegamos a los otros planetas, Venus y Mercurio, encontramos que tienen períodos de rotación incluso más cortos que la Tierra. Todas estas conclusiones obviamente están bien pensadas, trabajadas sobre la base de observaciones realizadas de una manera u otra.

He señalado que solo ganamos una comprensión clara de estas cosas al comparar lo que sucede en las lejanas distancias del espacio cósmico con lo que ocurre dentro del límite de nuestra piel, en nuestro propio organismo. Reflexiona por un momento y encontrarás que lo que se llama el período de rotación de la Tierra alrededor del Sol corresponde a algo en ti mismo. En la conferencia anterior mostramos que para representar la serie diaria de eventos, tenemos que usar una cierta curva, una cierta línea que se devuelve sobre sí misma. De manera similar, la línea curva correspondiente al movimiento anual de la Tierra debe ser imaginada. Es completamente inmaterial si la visión del hombre es que el movimiento de la Tierra es al mismo tiempo un movimiento alrededor del Sol o no; porque ¿qué tenemos aquí? Pensemos. Tenemos nuestro propio ciclo diario de vida, que consideraremos ahora, no en su correspondencia con el Cosmos, sino tal como se presenta en el hombre, para que también podamos incluir a aquellos cuyo dormir y despertar no corresponden con la alternancia del día y la noche, ¡los holgazanes así como todos aquellos que no viven por regla! Consideremos esta vuelta diaria del hombre sobre la base ya establecida, es decir, representándola en el pensamiento como una línea en la que los puntos de sueño y vigilia se superponen, como he señalado. Hay muchas razones, pero una será suficiente para que un juicio imparcial entienda que estamos obligados a colocar el punto de despertar sobre el de quedarse dormido. Considera el hecho notable de que cuando miramos hacia atrás en nuestra vida, nos parece un flujo ininterrumpido. No nos sentimos obligados a considerar la vida de tal manera que digamos: Hoy he vivido y he sido consciente de mi entorno desde el momento en que me desperté; antes de eso todo era oscuridad; antes de eso nuevamente, mi sueño de ayer fue precedido por la vida, viví nuevamente, hasta el momento de despertar; pero luego nuevamente oscuridad. No imaginas el flujo de la memoria así, lo imaginas de manera que el momento de despertar y el momento de quedarse dormido realmente se unen en tu recuerdo consciente. Ese es un hecho evidente. Este hecho se puede expresar en que la curva que representa la vuelta diaria en el hombre sale como una espiral, con el punto de despertar siempre cruzando el punto de quedarse dormido. Si la curva fuera una elipse o un círculo, entonces el despertar y el quedarse dormido tendrían que ser separados, no podrían unirse. De esta manera solo podemos imaginar la vuelta diaria del hombre.

Ahora intentemos ver exactamente lo que esto significa en el hombre mismo. Tu tiempo de vigilia transcurre desde tu despertar hasta tu quedarte dormido. Durante ese tiempo eres un ser humano físico, y además eres un ser humano completo, poseyendo cuerpo físico, cuerpo etérico, cuerpo astral y Ego. Ahora considera tu condición desde quedarte dormido hasta despertar. Entonces solo tienes cuerpo físico y cuerpo etérico. Eres un ser humano físico, pero no eres hombre; solo tienes cuerpo físico y cuerpo etérico. Hablando estrictamente, tal cosa no debería ser. Tu cuerpo físico y cuerpo etérico se convierten realmente en una falsedad, pues un ser compuesto de esta manera debería ser una planta. Es el resto del hombre completo, dejado atrás cuando el Ego y el cuerpo astral se han ido; y solo en virtud del hecho de que estos regresarán antes de que los cuerpos físico y etérico puedan alcanzar realmente la etapa de la planta —es solo por esto que no mueres todas las noches.

Ahora examinemos lo que queda tendido en la cama. ¿Qué sucede con eso? De repente se vuelve de la naturaleza de la planta. Su vida es comparable a lo que sucede en la Tierra desde el momento en que las plantas brotan en primavera hasta el otoño, cuando se marchitan. La naturaleza de planta brota y echa hojas en el hombre, por así decirlo, desde que se queda dormido hasta que despierta. Entonces es como la Tierra en verano; y cuando el Ego y el cuerpo astral regresan y el hombre despierta, se vuelve como la Tierra en invierno. Por lo tanto, podemos decir que el tiempo entre despertar y quedarse dormido es nuestro invierno, y entre quedarse dormido y despertar es nuestro verano. Para el año del Cosmos —en la medida en que la Tierra es parte de él— corresponde al día del hombre. La Tierra despierta en invierno y duerme en verano. El verano es el tiempo de sueño de la Tierra, el invierno es su tiempo de vigilia. La percepción externa obviamente da una falsa analogía, presentando el verano como el tiempo de vigilia de la Tierra y el invierno como su tiempo de dormir. Es al revés, porque durante el sueño nos asemejamos a la vida vegetal floreciente, brotando; como la Tierra en verano. Cuando nuestro Ego y cuerpo astral vuelven a entrar en nuestros cuerpos físico y etérico, es como si el sol del verano se retirara de la Tierra cargada de plantas y el sol de invierno comenzara a funcionar. Por lo tanto, todo el año se representa en diferentes momentos en cualquier parte de la superficie terrestre. El caso de la Tierra es diferente del del hombre individual, pero solo aparentemente. Con respecto a la Tierra, en cualquier parte de ella en la que podamos habitar, el curso de un año corresponde al curso diario del hombre individual. El curso de un año en el Cosmos corresponde al día del hombre.

Así que tenemos el hecho directo de que cuando miramos hacia arriba en el Cosmos, tenemos que decir: Un año —eso es para el Cosmos dormir y despertar; y si nuestra Tierra es la cabeza del Cosmos, expresa en invierno el despertar del Cosmos, y en verano su dormir. Si ahora consideramos el Cosmos, que como vemos manifiesta despertar y dormir —porque la cubierta vegetal de la Tierra es un resultado del trabajo cósmico— , encontraremos que debemos pensar en él como un gran organismo. Debemos pensar en lo que sucede en sus miembros como ajustado orgánicamente en el conjunto del Cosmos, así como lo que sucede en uno de nuestros propios miembros está ajustado orgánicamente en nuestro organismo. Y aquí llegamos al significado de la diferencia expresada por la astronomía en los períodos más cortos de las revoluciones de Venus y Mercurio en comparación con los períodos más largos de Marte, Júpiter y Saturno. Cuando consideramos los llamados planetas exteriores, Saturno, Júpiter y Marte, luego el Sol, Mercurio, Venus y la Tierra, encontramos este aparentemente largo período de revolución en el caso de los planetas exteriores que se extiende más allá de un año, así más allá del mero tiempo de vigilia. Consideremos a Saturno con su período de 30 años, el tiempo aparente de su revolución alrededor del Sol; ¿cómo podemos expresar sus 30 años en el lenguaje del Cosmos según el cual su revolución diaria es un año? Si un año es la revolución diaria del Cosmos, entonces el llamado período de la revolución de Saturno es aproximadamente de 30 días, un mes cósmico, cuatro semanas cósmicas. Así que podemos decir que si consideramos a Saturno como el planeta más externo (los otros dos, Urano y Neptuno, considerados hoy en día como de igual categoría que Saturno, son realmente fugitivos que han deambulado), entonces debemos decir que Saturno delimita nuestro Cosmos; y, en su aparente lentitud, en su retraso detrás de la Tierra, contemplamos la vida del Cosmos en 4 semanas o un mes, en comparación con la vida que muestra en el transcurso del año, que para el Cosmos es como un quedarse dormido y despertar.

A partir de esto se puede ver que Saturno, si su camino aparente se considera como el límite externo de nuestro sistema planetario, está internamente relacionado con él de una manera diferente de, digamos, Mercurio; Mercurio necesitando menos de 100 días para su aparente revolución, se mueve rápidamente, es activo internamente, tiene una cierta celeridad; mientras que Saturno se mueve lentamente.

¿A qué corresponde exactamente esto? En el movimiento de Saturno tienes algo comparativamente lento, en el de Mercurio algo que es mucho más rápido, una actividad interna del organismo cósmico, algo que agita el Cosmos internamente. Es como si tuvieras, digamos, un tipo de organismo vivo y mucilaginoso, girando él mismo, pero teniendo además dentro de él un órgano que está girando más rápidamente. Mercurio se separa del movimiento del conjunto por su rápida revolución. Es, por así decirlo, un miembro encerrado; igual ocurre con el movimiento de Venus. Aquí tenemos algo análogo a la relación de la cabeza en el hombre con el resto de su organismo. La cabeza se separa de los movimientos del resto del organismo. Venus y Mercurio se emancipan del movimiento establecido por Saturno. Siguen su propio camino;

vibran en todo el sistema. ¿Qué significa esto? Tienen algo extra en comparación con el sistema completo; su movimiento más rápido lo muestra. ¿Cuál es la cosa correspondiente a este extra en nuestra cabeza? Nuestra cabeza tiene algo extra, a saber, su coordinación con el mundo super sensible; solo que nuestra cabeza está en reposo en nuestro organismo, al igual que nosotros estamos en reposo en un coche o un vagón de ferrocarril, mientras se está moviendo. Venus y Mercurio actúan de manera diferente; hacen lo contrario en cuanto a su emancipación. Mientras que nuestra cabeza está quieta, como nosotros cuando nos quedamos quietos en un vagón de ferrocarril, Venus y Mercurio se emancipan del sistema planetario completo de manera opuesta. Es como si nosotros, sentados en el vagón de ferrocarril, fuéramos impulsados por algo a movernos todo el tiempo mucho más rápido que el tren mismo. Esto se debe al hecho de que Venus y Mercurio, que muestran un movimiento aparentemente mucho más rápido, están relacionados en su pasado no solo con el espacio, sino también con aquello a lo que nuestra cabeza también está relacionada; solo que estas relaciones toman cursos opuestos —nuestra cabeza siendo puesta en reposo, Venus y Mercurio, por otro lado, se vuelven más activos. Son los dos planetas a través de los cuales nuestro sistema planetario tiene una relación con el mundo super sensible. Incorporan nuestro sistema planetario en el Cosmos de manera diferente que Júpiter y Saturno.

Las cosas que son reales a menudo parecen bastante diferentes cuando se estudian de acuerdo con la verdadera realidad en lugar de acuerdo con la opinión generalmente recibida. Así como, cuando juzgamos externamente, llamamos al invierno el tiempo de dormir de la Tierra, y al verano su tiempo de despertar, cuando es al revés; de la misma manera, juzgando externamente, Saturno y Júpiter podrían ser considerados como más espirituales que Venus y Mercurio. Esto no es así; porque Venus y Mercurio están en una relación más íntima con algo detrás de todo el Cosmos que Júpiter y Saturno. Así que podemos decir que en Venus y Mercurio tenemos algo que nos coloca externamente, como miembro del sistema planetario, en relación con un mundo super sensible. Aquí, mientras vivimos, somos llevados a una conexión con un mundo super sensible a través de Venus y Mercurio. Podríamos decir: Cuando somos incorporados por nacimiento al mundo físico, somos llevados a él por Saturno y Júpiter; mientras vivimos desde el nacimiento hasta la muerte, Venus y Mercurio trabajan dentro de nosotros y nos preparan para llevar nuestra parte super sensible de nuevo a través de la muerte al mundo super sensible. De hecho, Mercurio y Venus tienen tanto en nuestra inmortalidad después de la muerte como Júpiter y Saturno en nuestra vida antes de la muerte. Es realmente así, tenemos que ver algo en el Cosmos que corresponda a la relación entre la organización comparativamente más espiritual de la cabeza y el resto de la organización humana.

Ahora supongamos que Saturno sigue también su movimiento en una curva similar (lemniscate) —solo que, por supuesto, su trayectoria es diferente a través del espacio cósmico— con el movimiento 30 veces menos rápido que la Tierra; si imaginamos estas dos curvas, debemos comprender que cada cuerpo cósmico que sigue tal camino (lemniscate) obviamente se mueve en este camino por fuerzas, pero cada uno por fuerzas de un tipo diferente. Entonces llegamos a una idea que es extremadamente importante y que, si se toma correctamente, probablemente te parecerá verdadera de inmediato. Si no lo hace, es solo porque, bajo la influencia del materialismo de los últimos siglos, las personas no están acostumbradas a relacionar tales cosas con los hechos del Universo.

Para la visión materialista moderna del Cosmos, Saturno se observa simplemente como un cuerpo que se mueve en el espacio cósmico; y lo mismo con los otros planetas. Esto no es así; porque si tomamos a Saturno, el Planeta más externo de nuestro Universo, debemos representarlo como el líder de nuestro sistema planetario en el espacio cósmico. Él dirige nuestro sistema en el espacio. Él es el cuerpo para la fuerza más externa que nos guía en la lemniscate en el espacio cósmico. Él es el conductor y el caballo al mismo tiempo. Saturno es así la fuerza en la periferia más externa. Si él solo trabajara, nos moveríamos continuamente en una lemniscate. Pero hay otras fuerzas en nuestro sistema planetario que muestran un ajuste más íntimo al mundo espiritual —las fuerzas que encontramos en Mercurio y Venus. A través de estas fuerzas nuestro camino es continuamente elevado. Así, cuando miramos el camino desde arriba, tenemos la lemniscate, pero cuando lo miramos desde el otro lado, obtenemos líneas que están continuamente subiendo hacia arriba; hay una progresión.

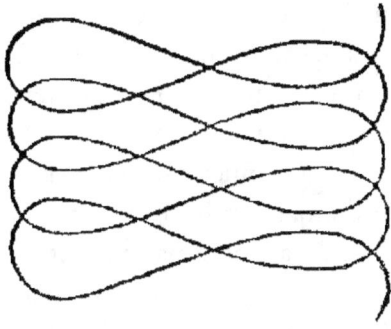

Esta progresión corresponde en el hombre al hecho de que durante el sueño lo que hemos absorbido, aunque no pase de inmediato a la conciencia, es elaborado; durante el sueño trabajamos en ello. Es principalmente durante el sueño que trabajamos en lo que hemos absorbido a través de nuestra vida, nuestra formación y educación. Durante el sueño, Mercurio y Venus nos comunican eso. Son nuestros planetas nocturnos más importantes, mientras que Júpiter y Saturno son nuestros planetas diurnos más importantes. Por lo tanto, la antigua sabiduría instintiva atávica tenía razón al conectar a Júpiter y Saturno con la formación de la cabeza humana, y a Mercurio y Venus con la formación del tronco humano, con el resto del organismo. Estas cosas surgieron de un conocimiento íntimo de la conexión entre el hombre y el Universo.

Ahora te pido que consideres cuidadosamente lo siguiente. Primero que todo, es necesario comprender desde motivos internos el movimiento de la Tierra. Debemos reconocer la influencia sobre ella de las fuerzas de Venus y Mercurio, que ellas mismas llevan el lemniscate más lejos, de modo que avanza, y su eje se convierte en un lemniscate. Así que tenemos para la Tierra un movimiento extremadamente complicado. Y ahora llego a lo que quiero señalar. Supongamos que tenemos que dibujar este movimiento. La astronomía intenta hacerlo. La astronomía quiere tener un sistema planetario; quiere dibujar el sistema solar y explicarlo mediante cálculos. Planetas como Venus y Mercurio, sin embargo, tienen relación con lo extraespacial, lo supersensible, lo espiritual, con lo que no pertenece originalmente al espacio, sino que, por así decirlo, ha entrado en él. Así que si tienes los caminos de Saturno, Júpiter, Marte y, en el mismo espacio, dibujas también los caminos de Mercurio y Venus, obtendrás como máximo una proyección de la órbita de Mercurio o de Venus, pero en ningún sentido las órbitas mismas. Si empleamos el espacio tridimensional para esbozar las órbitas de Júpiter, Saturno y Marte, llegamos como máximo a un límite, donde obtenemos algo como un camino del Sol. Pero si queremos dibujar los otros, ya no podemos hacerlo en el espacio tridimensional, solo podemos obtener imágenes de sombra de estos otros movimientos en él; no podemos dibujar el camino de Venus y el de Saturno en el mismo espacio. De esto vemos que todas las delineaciones del sistema solar donde se usa el mismo espacio para Saturno que para Venus, son solo aproximaciones, no son suficientes para un sistema solar. Dibujos de este tipo son tan poco posibles como lo sería explicar todo el ser humano solo según fuerzas naturales. Esto muestra por qué ningún sistema solar es adecuado. Un no-astrónomo como Johannes Schlaf podría fácilmente demostrar a astrónomos bastante establecidos la imposibilidad de su sistema solar mediante hechos muy simples, señalando que si el Sol y la Tierra están tan relacionados que esta última gira alrededor de la primera, las manchas solares no podrían mostrarse como lo hacen, la Tierra estando a veces detrás del Sol, a veces delante, y luego volviendo a girar alrededor de él. Sin embargo, eso no es en absoluto el caso. Ningún dibujo de nuestro sistema solar que esté inscrito en un espacio de las tres dimensiones ordinarias será correcto. Debemos entender esto. Así como en el caso del hombre, para entenderlo como un todo debemos pasar de las fuerzas físicas a las superiores; de la misma manera, para entender el sistema solar, debemos pasar de las tres dimensiones a otras dimensiones. Es decir, no podemos delinear el sistema solar ordinario en el espacio tridimensional. Los 'globos' planetarios y demás debemos mirarlos de esta manera: Si aquí tenemos a Saturno en el globo y allí a Mercurio, entonces no es el verdadero Mercurio sino su sombra solamente, su proyección.

Estas son cosas que deben ser puestas en claro por la Ciencia Espiritual. Han desaparecido por completo. Aproximadamente seis o siete siglos antes de la era cristiana, la antigua sabiduría primordial comenzó gradualmente a desaparecer, hasta ser reemplazada por la Filosofía a partir de mediados del siglo XV. Pero hombres como Pitágoras, por ejemplo, todavía sabían tanto de la antigua sabiduría que podían decir: Habitamos en la Tierra, pertenecemos a través de la Tierra a un sistema cósmico, al cual también pertenecen Júpiter y Saturno; pero si permanecemos en estas tres dimensiones, entonces no perteneceremos de la misma manera a Venus y Mercurio. No podemos pertenecer directamente a estos dos últimos, como lo hacemos con Saturno y Júpiter; pero si nuestra Tierra está en un espacio con Saturno y Júpiter, debe haber una 'contra-Tierra' que esté en otro espacio con Venus y Mercurio. Por lo tanto, los antiguos astrónomos hablaban de la Tierra y la contra-Tierra. Por supuesto, el materialista moderno diría: "¿Contra-Tierra? ¡No veo nada de eso!" Es como una persona que pesa a un hombre, después de haberle ordenado que no piense en nada, y lo pesa nuevamente cuando le ha ordenado que piense un pensamiento especialmente inteligente, y luego dice: Lo he pesado, pero no he encontrado el peso de su pensamiento. El materialismo rechaza lo que no tiene peso o no puede ser visto. Sin embargo, cosas notables brillan desde la sabiduría primordial atávica a la que podemos volver mediante la visión interior de la Ciencia Espiritual. Es de urgente necesidad que trabajemos ahora para llegar a algo completamente nuevo y que ha estado en la Tierra todo el tiempo, y que solo ahora en estos días debe ser adquirido en plena conciencia. A menos que lo hagamos, perderemos la posibilidad misma de pensar.

Llamé la atención ayer sobre el hecho de que en el pensamiento social los hombres luchan por el mono-metalismo por el bien del libre comercio ¡y viene la Protección! Ningún verdadero orden social surgirá de lo que se está buscando sobre la base del pensamiento que posee el hombre hoy en día; un verdadero orden social solo puede surgir a través de un pensamiento formado en una ciencia que no dibuja un planisferio mostrando a Saturno y Venus en el mismo espacio. Porque la visión del Universo que estamos presentando aquí no significa simplemente que sostengamos algo ante nosotros, sino también que, en cierto sentido, aprendamos a pensar. ¿Qué significa exactamente esto?

Recuerda lo que he dicho: Cuando nuestra organización corporal se remodela en la próxima encarnación, no solo experimenta un cambio, sino que se voltea del revés; como un guante se voltea de una mano izquierda a una mano derecha al voltearlo del revés, así también lo que está ahora dentro —hígado, corazón, riñones— se convierte en los órganos sensoriales externos, ojo, oído y así sucesivamente. Todo se voltea del revés. Esto corresponde a otro volteo del revés: Saturno por un lado, y completamente fuera de su espacio, Venus y Mercurio. Un reverso en sí mismo. Si no observamos esto, ¿qué sucede? Es lo mismo, cuando no observamos el volteo del revés en el caso de la cabeza humana, o cuando no observamos el Universo bajo esta ley de reversión; hacemos algo muy peculiar. En ese caso, no pensamos en absoluto con nuestra cabeza. Y esto es algo a lo que la quinta época post-atlante está tendiendo, en la medida en que está descendiendo y no busca ascender nuevamente mediante la Ciencia Espiritual. El hombre quisiera liberar su cabeza y pensar solo con el resto del organismo; ese modo de pensamiento es abstracto. Quiere liberar la cabeza. No tiene deseos de reclamar lo que ha resultado de las encarnaciones anteriores. Quiere contar solo con la presente. No solo los hombres desean negar la teoría de las sucesivas vidas terrenales, sino que, llevando su cabeza como si fuera con dignidad externa, les gustaría ponerla como señor sobre el resto del organismo, les gustaría que fuera como un hombre viajando en un carruaje. Y no toman en serio a ese pasajero en el carruaje; lo llevan consigo, pero no reclaman sus capacidades innatas. No hacen uso práctico de sus vidas terrenales repetidas.

Esta tendencia ha estado desarrollándose virtualmente desde el comienzo de la quinta época post-atlante, y solo podemos oponernos a ella adoptando la Ciencia Espiritual. Uno podría incluso definir la Ciencia Espiritual como aquello que hace que el hombre tome su cabeza en serio una vez más. Desde un punto de vista esencial, la parte esencial de la Ciencia Espiritual es realmente que toma en serio la cabeza humana, no solo la considerándola como un añadido al resto del organismo. Europa especialmente, a medida que se acerca tan rápidamente al barbarismo, quisiera liberar la cabeza. La Ciencia Espiritual debe perturbar este sueño. Debe hacer un llamado a la humanidad: ¡Usen sus cabezas! Esto solo puede hacerse tomando en serio la creencia en vidas terrenales repetidas.

No se puede hablar de Ciencia Espiritual de la manera en que se hace usualmente, si se la toma en serio. Uno debe decir lo que es; y a lo que es, pertenece algo que parece como pura locura, pertenece el hecho de que los hombres renieguen de sus cabezas. Preferirían no creer esto, prefieren considerar la verdad como locura. Esto siempre ha sido así. Las cosas en la evolución humana se desarrollan de tal manera que los hombres son sorprendidos por lo nuevo.

Y así, por supuesto, deben estar conmocionados y asombrados por este énfasis en la necesidad de usar la cabeza. Lenin y Trotsky dicen: No usen su cabeza, actúen por el resto de su organismo. El resto del organismo es el vehículo de los instintos. Los hombres deben ser guiados solo por los instintos. Y lo llevan a cabo. Es su práctica que nada que surja de la cabeza humana deba entrar en las teorías marxistas modernas. Estas cosas son muy serias —cuán serias son debe ser enfatizado una y otra vez.

Conferencia Doce: Intervenciones Cósmicas y la Evolución Humana

Recordarán que he discutido detalladamente cuánta crítica ha surgido desde muchos lados con respecto a la idea de una conexión entre el Evento de Cristo, la aparición de Cristo en la Tierra, y eventos cósmicos como el curso del Sol, o la relación del Sol con la Tierra. La conexión solo puede entenderse cuando uno estudia más profundamente todo lo que hasta ahora hemos dicho sobre los movimientos del sistema estelar. Hagamos un comienzo en esta dirección hoy, pues verán que en última instancia la astronomía no puede ser realmente estudiada en absoluto sin entrar en un estudio del ser completo del Hombre. Ya he mencionado esto, pero veremos cuán profundamente arraigada está la afirmación en el ser completo del mundo, pues solo podemos entender algo de la naturaleza del mundo o de la naturaleza del Hombre cuando consideramos los dos juntos, no por separado, como se hace en la actualidad. Observarán un hecho curioso con respecto a este mismo asunto, a saber, que el materialismo, siempre y cuando no se reconozca directamente como tal, es preferido por las denominaciones religiosas en lugar de la Ciencia Espiritual. Es decir, tanto los protestantes como los católicos romanos prefieren considerar el mundo exterior en sus diversos reinos en un sentido materialista, en lugar de investigar cómo lo Espiritual obra en el mundo y se presenta en los fenómenos materiales. Como confirmación de esto, solo necesitan considerar las opiniones de los jesuitas sobre la Ciencia Natural. Estas son estrictamente materialistas; desde su punto de vista, el mundo exterior, el Cosmos, solo puede entenderse a la luz de interpretaciones completamente materialistas. Se ha tenido el máximo cuidado en proteger de esta manera cierta forma de fe, que ha sido cultivada desde el Concilio celebrado en Constantinopla en el año 869, protegiéndola, manteniendo la ciencia externa en el nivel del materialismo. Por supuesto, en los círculos más amplios, han surgido ilusiones debido al aparente conflicto con el materialismo incluso en los ámbitos científicos. Sin embargo, esto es solo aparente, pues no importa si se dice que hay espíritu en algún lugar, o si se niega por completo el espíritu, si el mundo material en sí mismo no se explica espiritualmente.

Quizás sepas que la cúspide de la interpretación moderna de la naturaleza externa es la Astrofísica, la teoría que se propone estudiar el mundo estrellado material, para establecer la unidad material del mundo accesible a los sentidos. Ahora bien, uno de los más grandes astrofísicos es un jesuita romano, el Padre Secchi. No hay dificultad en mantenerse en el terreno de la ciencia material moderna y al mismo tiempo adherirse a esta sombra de creencia religiosa. Esto significa que, de hecho, una interpretación materialista de los cielos está más cerca hoy en día de los credos religiosos, y especialmente de uno de persuasión jesuita, que la Ciencia Espiritual, pues este credo en particular se preocupa especialmente por no explicar el mundo mostrando la relación de lo material con lo espiritual. Lo espiritual debe formar el contenido de una forma independiente de creencia en la que no se hable del estudio científico del Universo; este último debe permanecer materialista, pues en el momento en que deje de serlo tendría que adentrarse en lo que se refiere a lo espiritual, tendría que hablar del espíritu.

Lo que acabo de decir debe tomarse en serio, de lo contrario pasaríamos por alto el hecho significativo de que los científicos jesuitas son los materialistas más extremos en el dominio de la Ciencia Natural. Continuamente alegan que el Hombre no puede aproximarse a lo espiritual mediante la investigación en la Naturaleza, y se esfuerzan por mantener lo espiritual lo más alejado posible de tal investigación. Esto se puede rastrear incluso en los estudios de hormigas del Padre Wasmann.

Después de estas observaciones preliminares, recordemos un hecho importante que aparentemente toma su curso completamente en el mundo espiritual, pero que, cuando consideremos esta parte de nuestro argumento más detenidamente, nos hará ver un fenómeno paralelo entre la vida espiritual y la vida del mundo estrellado externo. Como saben, dividimos el tiempo post-atlante en épocas de civilización, nombrando la primera la antigua india, la segunda la antigua persa, la tercera la caldeo-babilónica-egipcia, la cuarta la greco-latina; y luego está la quinta, en la que ahora vivimos, comenzando a mediados del siglo XV. Una sexta seguirá a esta, y así sucesivamente. He mostrado con frecuencia cómo comenzó la cuarta época en el continuo flujo del tiempo post-atlante, alrededor del año 747 a.C., y cesó — hablando aproximadamente, siempre digo alrededor de la mitad del siglo XV, pero para ser más preciso, realmente terminó en el año d.C. 1413. Esa fue la cuarta; y ahora estamos en la quinta.

Si consideramos así la sucesión de civilizaciones, podemos describir sus características, teniendo en cuenta las descripciones dadas en Ciencia Oculta. Así podemos describir la grecolatina, en la que ocurrió el Evento del Gólgota, pero al hacerlo no necesitamos referirnos a ese Evento, pues podemos describir la época conectándola con la anterior. Es posible describir las épocas sucesivas en su naturaleza fundamental, y tener una época desde el 747 a.C. hasta el d.C. 1413 que transcurre de tal manera que nada en la historia muestra que durante este tiempo ocurra un evento importante. Recordemos el momento de la ocurrencia del Evento del Gólgota, recordando todo lo que sabemos sobre las civilizaciones del pueblo más avanzado de la época — el griego, el romano y el latino. Reflexionemos que para estas personas el Evento del Gólgota era un asunto desconocido. Ocurrió en un pequeño rincón del mundo, y la primera mención de sus efectos se encuentra en Tácito, el historiador romano, cien años después. No fue observado por sus contemporáneos, menos aún por los más cultos.

Así, el hecho entra en evidencia en el curso histórico de la evolución que no había necesidad inherente en el progreso regular de la evolución de la humanidad desde las tres primeras épocas de civilización hasta la cuarta, de que ocurriera el Evento del Gólgota. Este hecho debe recibir atención cercana. El Evento realmente tuvo lugar 747 años después del comienzo del cuarto período post-atlante. Al tratar de entender el Evento del Gólgota, podemos decir que le dio propósito y significado a la vida de la Tierra, que la Tierra no habría tenido este significado si la evolución simplemente hubiera continuado como resultado de las primeras tres épocas post-atlantes. El Evento del Gólgota vino como una intervención de otros mundos. Este hecho no se considera suficientemente. En tiempos modernos varios historiadores han aludido a ello, pero no han podido hacer nada al respecto. De hecho, la historia prácticamente omite el Evento del Gólgota. A lo sumo, los historiadores describen la influencia del cristianismo en los sucesivos siglos post-cristianos, pero la intervención real del Misterio del Gólgota en sí misma no se describe en un curso ordinario de historia. Sería realmente difícil describirlo, si uno se atuviera a los métodos ordinarios de historia. Ciertamente, hombres notables — curiosamente, clérigos entre ellos — han intentado explicar las causas del Evento del Gólgota. El pastor Kalthoff, por ejemplo, y muchos otros. El pastor

Kalthoff intentó explicar el cristianismo desde la conciencia y las condiciones económicas de los últimos siglos previos a la aparición de Cristo. Pero, ¿en qué consistía esta explicación? En efecto, decía: La gente vivía en ciertas condiciones económicas, y eventualmente surgió la idea de Cristo, el sueño de Cristo, por así decirlo, la ideología de Cristo; y de estas surgieron la Cristología. Surgió en la humanidad solo como una idea. Personas como Pablo, y algunos otros, describieron lo que así había surgido como una idea como si hubiera ocurrido como un hecho en un rincón remoto del mundo. Tales explicaciones significan un deshacer el cristianismo. Es un fenómeno notable de los siglos XIX y principios del XX que los pastores cristianos se hayan propuesto salvar el cristianismo, eliminando a Cristo. La gente tenía vergüenza de admitir los hechos del surgimiento del cristianismo de manera directa. Les resultaba más satisfactorio explicar el surgimiento de la Cristología, explicarlo simplemente como una idea. Varios flujos de pensamiento encontraron su camino en este dominio, y una provincia especial de la ciencia se ha vuelto notable en esta conexión, surgiendo en el flujo materialista de la cultura que alcanzó su punto culminante en el marxismo. Así, Kalthoff es una especie de pastor marxista que intenta explicar la Cristología a partir de una especie de marxismo piadoso. Otros han montado otros caballos de hobby en busca de una explicación para el fenómeno del cristianismo; entonces, ¿por qué no debería cada uno explicar el cristianismo o explicar a Cristo Jesús, según su propio capricho? Un psiquiatra explica a Cristo según la psiquiatría, simplemente diciendo que la forma en que Cristo apareció en su tiempo puede explicarse hoy desde el punto de vista de la psiquiatría como debido a una conciencia anormal. Este no es un caso aislado. Y estos son fenómenos que no deben ser despreciados, de lo contrario no vemos lo que está sucediendo en el presente momento, pues son señales de la vida actual en su totalidad. Debemos reconocer claramente que aquello que ha dado a la Tierra un significado, fue una intervención de otro mundo. Debemos distinguir dos corrientes en la evolución mundial en la medida en que el Hombre está involucrado en ella. Si nos aferramos a esto, ahora podemos ver algo más.

Sabemos que según la vista de la astronomía ordinaria, la Luna se mueve alrededor de la Tierra. (En realidad, ella no hace esto tan generalmente como se describe; también describe una lemniscata; pero por el momento ignoraremos esto). La Luna se mueve alrededor de la Tierra. Al hacerlo, también gira sobre sí misma. Ya he explicado esto. Es una dama educada y siempre gira el mismo lado hacia nosotros, su espalda siempre está vuelta hacia la Tierra. Sin embargo, no exactamente; solo podemos decir que virtualmente, hablando en general, ella siempre gira el mismo lado hacia la Tierra. Una séptima parte de la Luna de hecho gira alrededor del borde, por así decirlo, por lo que realmente no es siempre el frente de la Luna el que se vuelve hacia nosotros, pues después de un tiempo una séptima parte sale hacia adelante desde la parte posterior, y otra séptima parte se retira. Esto se compensa con los movimientos posteriores; toda la séptima no se va completamente, vuelve; y la Luna tambalea, mientras gira alrededor de la Tierra — ella realmente tambalea. Solo mencionaré esto aquí; en cualquier libro de astronomía elemental puedes buscar más detalles. ¿Podríamos transportarnos a un lugar lejano en el espacio cósmico, que según los cálculos de la astronomía sería solo una estrella lejana, esta rotación de la Luna sobre su propio eje desde allí tomaría algo más de 27 días. Si, sin embargo, nos transportamos al Sol, vemos que los movimientos del Sol y de la Luna no son uniformes, se mueven con velocidades disímiles; esta rotación de la Luna vista desde el Sol no es la misma que vista desde una estrella lejana, sino que toma algo más de 29 días. Así que podemos decir que el día estelar de la Luna es de 27 días, y su día solar es de 29 días.

Esto, por supuesto, está conectado con toda la interacción que tiene lugar en el Universo. Como sabemos, el Sol sale en un punto vernal diferente cada primavera, moviéndose alrededor de todo el eclíptico, alrededor de todo el Zodíaco en 25,920 años. Estos movimientos recíprocos hacen que el día estelar de la Luna sea considerablemente más corto que su día solar.

Teniendo esto en cuenta, podemos decir: Aquí también hay algo notable. Cada vez que hacemos una observación, notamos una diferencia de un plenilunio a otro en los aspectos mutuos del Sol y la Luna, una diferencia de casi 2 días. Eso nos muestra que tenemos que ver con dos movimientos en el espacio Cósmico, que de hecho van juntos pero no apuntan hacia el mismo origen. Lo que he expuesto aquí desde un punto de vista Cósmico puede compararse con lo que he expuesto anteriormente desde un punto de vista ético-espiritual. Hay un intervalo entre los comienzos de las épocas individuales de civilización en un arroyo y los comienzos de aquellos conectados con el Evento de Cristo. Siempre es necesario, cuando es Luna llena, en cuanto al tiempo sidéreo, esperar la realización del tiempo solar. Eso dura más. Hay nuevamente un intervalo. Así, en el Cosmos tenemos dos corrientes, dos movimientos, uno en el que participa el Sol, y otro, la Luna; y son de tal naturaleza que podemos decir: Si partimos del flujo de la Luna, encontramos el flujo del Sol interviniendo en él, así como el Evento de Cristo interviene en el flujo continuo de la evolución, como si viniera de un mundo extranjero. Para el mundo de la Luna, el mundo del Sol es un mundo extranjero, desde cierto punto de vista.

Ahora consideremos este tema desde un tercer punto de vista. Esto podemos hacerlo tratando de recordar exactamente cómo funciona la memoria humana, especialmente cuando incluimos el recuerdo de los sueños. Encontramos, por ejemplo, que lo que ha tenido lugar recientemente, aunque no entra en los movimientos internos y en el curso del sueño, juega en su mundo de imágenes. No me malinterpreten. Por supuesto que podemos soñar con algo que nos ocurrió hace muchos años, pero no lo hacemos a menos que algo haya ocurrido recientemente que esté relacionado por algún pensamiento o sentimiento con los años anteriores. Toda la naturaleza de los sueños está de alguna manera conectada con los acontecimientos bastante recientes. Si uno desea observar tales asuntos, debe suponer que es una persona que nota los finos detalles de la vida humana; si ese es el caso, la observación proporcionará resultados tan exactos como cualquier ciencia exacta.

¿A qué se debe esto? Se debe al hecho de que se requiere cierto tiempo para que lo que experimentamos en nuestra alma sea impreso por el cuerpo astral en el cuerpo etérico. Aproximadamente de dos y medio a tres días, aunque a veces después de solo uno y medio o dos días, pero nunca sin haber dormido sobre ello, lo que hemos experimentado en nuestro trato con el mundo es impreso por lo astral en el cuerpo etérico. Siempre lleva cierto tiempo establecerse allí. Ahora comparen este hecho con otro: el hecho de que en la vida cotidiana alternativamente separamos el cuerpo físico y el cuerpo etérico del cuerpo astral y del Yo en el sueño, y en la vigilia los unimos. Por lo tanto, podemos decir que en total entre el nacimiento y la muerte hay una conexión bastante más floja entre los cuerpos físico y etérico por un lado, y el Yo y el cuerpo astral por el otro. Porque los cuerpos físico y etérico permanecen siempre juntos entre el nacimiento y la muerte, y el cuerpo astral y el

Yo también permanecen juntos, pero no el cuerpo astral y el etérico; todas las noches se separan. Por lo tanto, hay una conexión más floja entre el cuerpo astral y el cuerpo etérico que entre el etérico y el físico; y esto se expresa nuevamente en el hecho de que debe en cierto sentido haber una cierta separación de los cuerpos astral y etérico antes de que lo que hemos experimentado en el cuerpo astral se imprima en el cuerpo etérico. Cuando algún evento nos influencia, lo hace, por supuesto, en la condición de vigilia. Esto significa que actúa sobre los cuerpos físico, etérico y astral y el Yo. Sin embargo, hay una diferencia en su recepción de su funcionamiento. El cuerpo astral lo absorbe de inmediato. El etérico necesita cierto tiempo para que la impresión se establezca de manera que haya una armonía completa entre lo astral y lo etérico. ¿No muestra esto clara y distintamente que aunque enfrentemos un evento con los cuatro principios del ser humano, hay dos corrientes que no siguen el mismo curso en su conexión con el mundo exterior, una corriente que necesita más tiempo que la otra? Ahí tenemos lo mismo que tenemos en la historia, lo mismo también que tenemos en el Cosmos — Luna y Sol, Antigüedad y Cristiandad; y ahora, etérico y astral. Siempre una diferenciación en el tiempo. Por lo tanto, encontramos esta interacción de dos corrientes apareciendo en nuestra vida ordinaria, dos corrientes que se unen y dan un resultado común para la vida, pero que aún no pueden ser comprendidas tan simplemente como para permitir que las causas y efectos de una corriente coincidan con las causas y efectos de la otra.

Estas cosas son de la mayor importancia para la consideración del Universo y de la vida, y no pueden prescindirse si se desea comprender el Universo. Hay otros hechos también que también son completamente pasados por alto. ¿Y qué significan todas estas cosas? Indican la existencia de una cierta armonía entre la vida cósmica, la vida histórica y la vida de los individuos; pero una armonía no construida como es usual hoy, donde se desea explicar todo por una ley fundamental de biogénesis. La consecuencia es que no podemos tener una única Astronomía sino que necesitamos diferentes Astronomías, una del Sol, otra de la Luna. Si tenemos dos relojes, uno siempre un poco más lento que el otro, entonces este último siempre estará adelantado; pero nunca podríamos asumir que lo que sucede en uno tiene su causa en el otro. Eso sería imposible. Así también, aunque hay una cierta conformidad con la ley en que uno siempre está la misma cantidad detrás del otro, las dos corrientes de las que hemos estado hablando no tienen nada que ver una con la otra; solo trabajan juntas como las veo juntas. La astronomía solar no tiene nada que ver con la astronomía lunar. Las dos solo trabajan conjuntamente en nuestro Universo.

Es importante tener esto en cuenta, y así como tenemos que distinguir entre la astronomía solar y lunar en lo que respecta a la regulación de los movimientos del Sol y la Luna, así también debemos distinguir en la historia entre lo que ocurre en nosotros debido al movimiento en los períodos de civilización, y lo que ocurre en nosotros a través de nuestro estar en el ciclo de tiempo cuyo punto central es el Evento del Gólgota. Estas dos cosas trabajan juntas en el mundo, pero si deseamos comprenderlas, debemos discriminar entre ellas. Vemos el prototipo de lo histórico en lo cósmico, y vemos la expresión última — no digo el efecto — pero la última expresión de estos hechos universales en nuestra propia vida en los dos o tres días que deben transcurrir antes de que nuestros pensamientos se hayan vuelto tan firmes que ya no estén arriba en el cuerpo astral donde pueden aparecer como sueños, por así decirlo, de sí mismos, sino que están abajo en el cuerpo etérico y deben ser traídos por nuestra propia memoria activa o por algo que los recuerde. Así, dentro de nosotros, un movimiento fluye en el otro. Así como tenemos que darnos cuenta de que hay una corriente lunar que, por así decirlo, genera sistemas o estructuras de movimiento independientes, así también debemos darnos cuenta de que en nuestro ser humano estamos estrechamente conectados en lo que respecta a nuestros cuerpos físico y etérico con algo más allá de lo humano, mientras que por otro lado, en nuestro cuerpo astral y Yo estamos relacionados estrechamente con algo más allá de lo humano.

Sobre estas cosas se extiende un velo de oscuridad por la observación moderna, que confunde todo y asume una niebla cósmica que se forma en una bola de la que emergen el Sol, la Luna, los Planetas. Este no es el caso, el Sol y la Luna no son del mismo origen sino que son dos corrientes que corren paralelamente; y tampoco se puede rastrear el cuerpo astral y el Yo humanos al mismo origen que sus cuerpos físico y etérico. Son dos corrientes diferentes. En el libro Ciencia Oculta se verá que estas dos corrientes deben remontarse al período del Sol. Luego, es cierto, al retroceder desde el Sol a Saturno, se llega a una especie de unidad. Sin embargo, esto yace muy atrás; desde el Sol en adelante, hay continuamente una tendencia para que dos corrientes corran paralelamente.

En esta descripción he deseado mostrar cuán necesario es arrojar luz sobre el paralelo entre la existencia cósmica, la existencia histórica y la existencia humana, para llegar a un juicio sobre cómo el hombre tiene que relacionarse con los movimientos cósmicos. Hemos visto que si se coloca correctamente, el resultado no es una astronomía, sino dos; una astronomía solar y una lunar. De la misma manera, tenemos un desarrollo humano de naturaleza pagana — la ciencia natural todavía es pagana — y un desarrollo humano de naturaleza cristiana. En nuestro tiempo, muchos tienen la tendencia a evitar que estas dos corrientes, que se han encontrado en la Tierra para trabajar juntas, se unan.

Consideremos, por ejemplo, cómo todo el propósito de un libro como el de Traub [* Rudolf Steiner als Philosoph und Theosoph, por Friedrich Traub, Tubingen, 1919.] — el resto del libro no tiene sentido sin esto — consiste en la afirmación: 'Sí, el Dr. Steiner desea unir las dos corrientes, pagana y cristiana. No permitiremos que eso suceda. Queremos que la ciencia natural siga siendo pagana, para que no haya necesidad de llevar a cabo algo en el cristianismo que lo reconcilie con la ciencia natural.' Por supuesto, si se permite que la ciencia natural sea pagana, el cristianismo no puede unirse con ella. Entonces se puede decir: 'La ciencia natural se lleva a cabo externamente, materialísticamente; el cristianismo se basa en la fe. Las dos no deben reconciliarse.' Sin embargo, Cristo verdaderamente no apareció en la Tierra para que junto con sus Impulsos el impulso pagano aumentara en poder; Él vino para impregnar el impulso pagano. La tarea del tiempo presente es unir lo que el hombre querría mantener separado — Conocimiento y Fe — y esto debe suceder. Por lo tanto, la atención debe dirigirse a tales cosas, como he hecho en una de mis recientes conferencias públicas. Por un lado, la Iglesia ha llegado a la conclusión de que la Cosmología no debe admitirse en la Cristología, y por otro lado, se llega a una Cosmología por el principio de la indestructibilidad de la materia y la fuerza. [* La palabra "fuerza" en esta página generalmente se traduce como "Energía" en la escritura científica en inglés (Indestructibilidad de la Materia y la Energía).] Pero si la materia y la fuerza se consideran indestructibles y eternas, conduce a pisotear todos los ideales. Y luego el cristianismo también carece de sentido. Solo cuando lo que constituye la materia y sus leyes se considera como un fenómeno transitorio, y cuando el Impulso de Cristo se convierte en una semilla de lo que existirá cuando la materia y la fuerza ya no gobiernen como lo hacen ahora según la ley sino que hayan desaparecido, entonces solo el cristianismo, y entonces solo los ideales éticos y el valor humano, tendrán un verdadero significado. Hay dos grandes antítesis: Una que surge de la conclusión lógica final del paganismo — 'La Materia y la Fuerza son inmortales', y la otra que surge del cristianismo — 'El Cielo y la Tierra pasarán, pero Mis palabras no pasarán.'

Estos son los dos mayores contrastes que pueden expresarse en un concepto del mundo, y nuestra época tiene verdaderamente toda la necesidad de no confundirse acerca de tales cosas, sino con una mente despierta, mirar seriamente lo que debe lograrse como un concepto correcto del mundo, en el que el valor humano moral y el Impulso Cristiano en la evolución del mundo no se pierdan en la ilusión de la materia y la fuerza indestructibles. Más sobre esto en la próxima conferencia.

Conferencia Trece: Una perspectiva desde el Antiguo Egipto

Ahora he reunido muchos y variados asuntos que pueden ayudarnos a percibir la estructura del Universo en su relación con el Hombre. Hemos visto —y esto debe ser enfatizado una y otra vez— que el Universo no puede ser comprendido sin el Hombre. Esto significa que no es posible entender el Universo en sí mismo, sin tener en cuenta al Hombre y la relación del Universo con él. Si uno desea formarse de una manera muy simple una idea de la conexión del Hombre con el Universo, solo necesita pensar en un tema en la astronomía elemental —la llamada 'inclinación del eclíptico'— es decir, la posición oblicua del eje de la Tierra en relación con la línea, la curva, que pasa a través del Zodíaco. Esta inclinación del eclíptico puede ser entendida e incluso interpretada como se desee; con tales interpretaciones no nos concierne en este momento si concuerdan con la realidad o no; nos concierne más bien llamar su atención sobre un cierto hecho. Si el eje de la Tierra —el eje sobre el cual la Tierra gira diariamente— fuera perpendicular al plano a través del eclíptico zodiacal, entonces el día y la noche serían iguales durante todo el año en toda la Tierra. Si el eje de la Tierra estuviera en el eclíptico, entonces durante todo el año una mitad de la Tierra sería de día y la otra mitad de noche. Ambos extremos ocurren en cierto modo realmente en el ecuador y en los polos. Pero en medio hay regiones donde la duración del día varía en el transcurso del año. Solo necesitamos reflexionar un poco sobre este asunto para llegar a la tremenda importancia para toda la evolución de la civilización terrestre, de la posición del eje de la Tierra en el espacio cósmico. Solo reflexiona, podríamos ser todos nosotros a lo largo de la Tierra solo esquimales si el eje estuviera en el eclíptico; si estuviera vertical al eclíptico, toda la Tierra estaría llena del tipo de civilización que prevalece en el ecuador.

Así que en cuanto a la posición del eje de la Tierra, no importa cómo se interprete —por supuesto, la comprensión de la verdad depende de la interpretación que le demos, pero cualquier interpretación servirá para hacer percibir la conexión entre el Hombre, su cultura y civilización, y la estructura del Universo; y el hecho detrás de la interpretación, sea cual sea esta, nos obliga a considerar al Hombre y la Tierra como parte del Universo, y no, en lo que respecta al ser físico del hombre, como si pudiera considerarse de forma independiente. Esto no se puede hacer. Como ser físico, el Hombre no es una realidad en sí mismo, sino solo cuando se le considera como uno con toda la Tierra, así como una mano separada del organismo humano no puede considerarse en ningún sentido verdadero una realidad: muere, es solo pensable en conexión con el organismo. Una rosa, cuando se arranca, muere, y como realidad solo es concebible en conexión con el rosal que está enraizado en la Tierra; de la misma manera, para estimar al Hombre en su totalidad, en su totalidad, uno no puede considerarlo simplemente encerrado en los límites de su piel.

Por lo tanto, lo que experimentamos en la Tierra debe ser considerado en conexión con el eje de la Tierra. Es importante en una visión del Universo basada en la realidad que lo que es una verdad parcial no se interprete como una verdad completa. Llegamos a comprender en su realidad al hombre completo como un ser de alma y espíritu al no considerarlo como una realidad en su naturaleza física. Es una realidad como un ser de alma y espíritu, una realidad independiente completa, un verdadero individuo. Lo que habita entre el nacimiento y la muerte —los cuerpos físico y etérico— no son realidades en sí mismos, son miembros de toda la Tierra, y como veremos más adelante, son incluso parte de otro todo.

Esto nos lleva a algo que debe ser observado aún más de cerca. Debo señalar una y otra vez una cosa. Las ideas que formamos del hombre casi siempre tienden, inconscientemente, a que lo consideremos como un cuerpo sólido. Es cierto, somos conscientes de que no es precisamente un cuerpo duro, que es en cierto sentido plástico, pero muy a menudo no somos conscientes de que consiste en mucho más del 75% de líquido, del cual solo el residuo puede considerarse como un ser mineral sólido. El Hombre es realmente un ser acuoso en un 75%. Ahora les pregunto, por lo tanto, ¿es posible describir el organismo humano, como se hace habitualmente, en contornos nítidos —diciendo: 'Aquí tenemos los lóbulos del cerebro, aquí este órgano', y así sucesivamente, y luego asumir que los órganos delimitados sólidamente combinan en su actividad para llevar a cabo la actividad de todo el organismo? No tiene sentido alguno en eso. Se trata de tener en cuenta el hecho de que el Hombre dentro de los límites de su piel, es, por así decirlo, un agua agitada; que lo que es pura fluidez interna también tiene un significado, y que no deberíamos describir al Hombre como si fuera más o menos un cuerpo sólido. En la Ciencia Espiritual esto tiene un significado muy profundo. Porque precisamente cuando consideramos lo sólido en el Hombre, que de alguna manera está conectado con los minerales externos, encontramos que lo sólido en el ser humano tiene una cierta relación con la Tierra.

Hemos observado las diversas relaciones del Hombre con el mundo que lo rodea, ahora estableceremos la relación de su sustancia sólida con la Tierra. Esta conexión existe; sin embargo, el elemento acuoso en el Hombre no tiene principalmente conexión con la Tierra sino con el Universo planetario exterior, y especialmente con la Luna. Precisamente como la Luna, no directamente sino indirectamente, tiene relación con el flujo y reflujo de las mareas, con ciertas configuraciones de la parte fluida de la Tierra, así también tiene conexión con lo que ocurre en la parte fluida del organismo humano. Describí ayer que tenemos por un lado la astronomía que se aplica al Sol —y también a la Tierra. Nosotros mismos somos parte de esa astronomía, ya que estamos organizados en ella como organismos que contienen sustancias sólidas. Sin embargo, la astronomía lunar es diferente. Estamos organizados en la astronomía lunar en la medida en que está conectada con nuestros componentes líquidos. Así que vemos que las fuerzas del Cosmos actúan tanto en las partes sólidas como en las fluidas de nuestra naturaleza física.

Esto tiene un significado aún mayor, que es, que lo que llamamos nuestro Yo tiene principalmente una influencia directa en nuestro hombre sólido, y que lo que llamamos nuestro cuerpo astral tiene una influencia indirecta en nuestro hombre fluido —por lo que lo que actúa desde el alma y el espíritu sobre nuestra organización, entra, a través de nuestra naturaleza corporal, también en conexión con todas las fuerzas del Cosmos. Estos movimientos del Cosmos siempre han sido objeto de observación, desde los puntos de vista más variados. Cuando miramos hacia atrás a la antigua civilización persa, encontramos que incluso entonces se hicieron investigaciones sobre los movimientos del Universo. Estas investigaciones también fueron realizadas por los caldeos y por los egipcios, y no es sin interés estudiar la actitud de los egipcios hacia los movimientos del Universo. Tenían, por supuesto, por lo que aparentemente eran razones bastante materiales, que estudiar la conexión de la Tierra con el Cosmos exterior, ya que su tierra dependía de las inundaciones del Nilo que tenían lugar precisamente cuando el Sol estaba en una posición definida en el Universo. Esta posición podía determinarse por la de Sirio; así que los egipcios habían llegado a hacer observaciones sobre la posición del Sol en relación con lo que ahora llamamos las Estrellas Fijas. Especialmente en las colonias sacerdotales egipcias, en sus Misterios, se hicieron extensas investigaciones sobre la relación del Sol con las otras estrellas. Como ya he dicho, los egipcios sabían perfectamente que cada año el Sol parecía haber cambiado de posición en el cielo en lo que respecta a las otras estrellas, y calculaban con ello que las estrellas —ya sea aparente o realmente es inmaterial ahora mismo— a medida que se movían diariamente alrededor del cielo, tenían una cierta velocidad, y que el movimiento diario del Sol también tenía una cierta velocidad, pero no tan grande como la de las estrellas. El Sol siempre quedaba un poco atrás. Los egipcios sabían y registraban el hecho de que el Sol quedaba rezagado aproximadamente un día cada 72 años, por lo que cuando una estrella particular que se levantaba con el Sol en un año definido se levanta nuevamente 72 años después, el Sol no se levanta con ella sino 24 horas después. Una estrella perteneciente al mundo de las estrellas fijas, una estrella en el Zodíaco, adelanta al Sol un día completo, un día completo, cada 72 años. Multiplica 72 por 360 y obtenemos 25.920 años. Ese es un número que encontramos a menudo. Es el tiempo que necesita el Sol en su retraso para volver a su punto de partida; habiendo así recorrido todo el Zodíaco. Por lo tanto, el Sol está exactamente un grado detrás en 72 años, ya que un círculo tiene, como sabemos, 360 grados. Según este cálculo, los egipcios dividieron el gran año —que realmente comprende 25.920 años— en 360 días; pero dicho día duraba 72 años. ¿Y 72 años, qué es eso? Es el límite promedio de la duración de la vida humana. Ciertamente hay individuos que viven más tiempo, otros no tan viejos, pero en general constituye el límite más lejano para la vida humana. Así que se puede decir: Toda la conexión en el Universo está construida de tal manera que sostiene toda la vida de un hombre durante un día solar, que es de 72 años. Es cierto que el hombre está emancipado de eso. Puede nacer en cualquier momento; pero su vida aquí como hombre físico entre el nacimiento y la muerte está organizada de acuerdo con el día solar. Refiriéndose a los registros históricos, generalmente se encuentra que el año ordinario de los egipcios se consideraba de 360 días (no de 365.25 como realmente es), hasta que más tarde se descubrió que no se ajustaba tanto al curso de las estrellas que los otros 5 días tenían que ser insertados. ¿Cómo fue que los egipcios tomaron originalmente 360 días para el año? En el año cósmico un grado —es decir, una 360ava parte— es en realidad un día cósmico de 72 años. Así que en los Misterios egipcios se enseñaba que el hombre está tan conectado con el Cosmos, que la duración de su vida es un día del año cósmico. Fue así organizado en el Cosmos. Su relación con el Cosmos se le hizo clara a través de conexiones que pertenecen a la decadencia de toda la evolución del pueblo egipcio.

La naturaleza esencial del hombre y su conexión con el Cosmos no fue revelada entonces a las amplias masas de egipcios —esto es característico de la época. Se decía que si todos los hombres conocieran la naturaleza de su ser, cómo está organizado en el Cosmos, y que la duración de su propia vida tiene su parte en la duración de la revolución del Sol, entonces aquellos que se sintieran organizados en el Universo no se permitirían ser gobernados, pues cada uno se consideraría a sí mismo como un miembro del Universo. Solo aquellos a quienes se creía llamados a ser líderes se les permitía conocer esto. Al resto no se les debía otorgar tal conocimiento del Cosmos, sino un conocimiento solo del día. Esto está conectado con la decadencia de la civilización egipcia. Ciertamente era necesario en relación con muchas otras cosas, que las personas inmaduras no fueran iniciadas en los Misterios, pero esto se extendió a tales cosas que daban poder a los líderes y gobernantes.

Ahora, mucho de lo que impregna nuestras almas humanas hoy en día proviene de fuentes orientales. El Cristianismo tradicional también contiene mucho que proviene de fuentes orientales; y especialmente en el Cristianismo romano ha descendido un fuerte impulso desde Egipto. Así como a los egipcios se les mantuvo en la ignorancia con respecto a su conexión con el Cosmos, así en ciertos círculos del Romanismo prevalece la opinión de que las personas deben ser mantenidas en la ignorancia de su conexión con el Cosmos que se produce a través del Misterio del Gólgota. De ahí el feroz conflicto que surge cuando, desde una necesidad interna de nuestra era, enfatizamos que el Evento del Gólgota no es simplemente algo que debe ser considerado fuera del resto de la concepción cósmica, sino más bien insertado en ella, cuando mostramos cómo lo que ocurrió en el Gólgota está realmente conectado con todo el Universo y su constitución. Se considera la peor herejía describir a Cristo como el Espíritu del Sol, como hemos hecho nosotros.

No debe suponerse que el punto en cuestión no sea conocido; pero así como el sacerdote egipcio sabía muy bien que el año ordinario no tiene 360 días sino 365.25, así ciertas personas son perfectamente conscientes de que el asunto con el que trata el Misterio de Cristo también está conectado con los Misterios del Sol. Pero se pretende impedir que la humanidad actual reciba este conocimiento —el conocimiento mismo que necesita; pues como ya he dicho, la visión materialista del Universo es mucho más preferida por ese lado que la Ciencia Espiritual. La ciencia materialista también tiene sus consecuencias prácticas, en las cuales nuevamente el tiempo presente puede compararse con el antiguo Egipto. Llamo la atención sobre el hecho de que los egipcios como tales dependían así del curso del Sol, de la relación de lo terrenal con lo celestial, en lo que respecta a su civilización externa. La retención del conocimiento de la conexión de los fenómenos cósmicos y su efecto en el cultivo de la tierra, representaba un cierto poder en manos del declinante sacerdocio, pues de esta manera los trabajadores egipcios tenían que someterse a la dirección de los sacerdotes, que tenían el conocimiento necesario.

Ahora bien, si las civilizaciones europea y americana mantuvieran su carácter actual, adhiriéndose únicamente a la vista materialista y copernicana del Universo —con su derivación, la teoría de Kant-Laplace—, necesariamente surgiría una cosmogonía materialista con respecto a los fenómenos terrenales, biológicos, físicos y químicos. Sería imposible para una cosmogonía de este tipo incluir el orden moral del mundo en su estructura. No podría abarcar el Evento del Gólgota, pues es imposible ser creyente en la visión materialista del mundo y al mismo tiempo cristiano; eso es una mentira interna, es algo que no puede ser, si uno es honesto y recto. Por lo tanto, era inevitable que las consecuencias prácticas se vieran en la cultura europea y americana, de la división entre el materialismo por un lado y una cosmogonía moral por el otro, y junto con la cosmogonía moral, también los contenidos de las religiones. Este resultado se evidenció en el hecho de que los hombres que no tenían ninguna razón externa para ser interiormente deshonestos, arrojaron la fe por la borda, y establecieron también una cosmogonía materialista para la vida humana. Así, la cosmogonía materialista se convirtió en una cosmogonía social. Esto tendría sin embargo la consecuencia adicional para nuestra civilización europea y americana de que el hombre tendría solo una cosmogonía materialista y no sabría nada de la conexión de la Tierra con las potencias cósmicas, en el sentido que hemos descrito. Sin embargo, dentro de cierta casta, el conocimiento de la conexión con la cosmogonía permanecería, así como los sacerdotes egipcios conservaban el conocimiento del año platónico, del gran año cósmico y del gran día cósmico; y tales círculos podrían esperar entonces gobernar al pueblo que bajo el materialismo degenera en barbarie.

Por supuesto, estas cosas se han dicho hoy solo por un sentido de deber hacia la verdad; pero deben decirse por ese deber hacia la verdad. Es importante que un cierto número de personas se dé cuenta de lo necesario que es dar al Misterio del Gólgota su significado cosmológico. Este significado debe ser reconocido por un cierto número de personas, que deben, a su vez, asumir una cierta responsabilidad para que el hecho no permanezca oculto para la humanidad terrenal —el hecho de que la humanidad está conectada con el Espíritu no terrenal, que vivió en Palestina en el Hombre Jesús, al comienzo de nuestra era. Es necesario que el conocimiento de la entrada de Cristo desde el mundo no terrenal al Hombre Jesús de Nazaret no sea retenido. A tal penetración pertenece la superación de esa deshonestidad que es tan general hoy en día en cuestiones de concepciones cósmicas y de fe. ¿Qué se hace hoy en día? Por un lado se nos dice que la Tierra se mueve en una elipse alrededor del Sol y ha evolucionado en el sentido de la teoría de Kant-Laplace, y suscribimos esto; y por otro lado se nos dice que al comienzo de nuestra era ocurrieron tales y cuales eventos en Palestina. Estas dos cosas se aceptan, sin estar conectadas; las personas las aceptan y piensan que no tiene consecuencias. Sin embargo, no es sin consecuencias, pues es mucho menos malo cuando se acepta una mentira conscientemente, que cuando toma forma inconscientemente y degrada al Hombre y lo arrastra hacia abajo. Pues si consideramos una mentira tal como aparece en la conciencia de un hombre, cada vez que se queda dormido abandona su cuerpo físico y etérico con su conciencia, y vive en seres atemporales, sin espacio, en el ser eterno, mientras el Hombre está en el sueño sin sueños. Se prepara todo lo que puede resultar de la mentira en el futuro; es decir, todo está preparado para corregirla, si está en la conciencia. Pero si está en el inconsciente, permanece con los cuerpos físico y etérico acostados en la cama. Cuando el Hombre no está ocupando estos cuerpos, entonces pertenece al Cosmos, y no solo al Cosmos terrenal, sino a todo el Cosmos; allí trabaja para la destrucción del Cosmos; sobre todo, para la destrucción de toda la humanidad, pues esta destrucción comienza en la humanidad misma.

El Hombre puede escapar de lo que amenaza a la humanidad de esta manera, solo por otros medios que no sean esforzándose por la verdad interior en lo que respecta a tales preguntas supremas de la existencia. Así, hay una especie de llamado a la humanidad hoy desde los impulsos de nuestra época para darse cuenta de que una astronomía materialista que no sabe nada de cómo en un punto definido del tiempo el Evento del Gólgota tomó forma, ya no debería existir. Cada astronomía que incluya a la Luna en la estructura del Universo igual que el Sol y la Tierra, en lugar de permitir que los dos flujos se entremezclen, pero aún como flujos separados —cada astronomía así no es una astronomía cristiana sino pagana. Por lo tanto, toda teoría de la evolución que describe el Universo homogéneamente debe ser rechazada desde el punto de vista cristiano. Si sigues mi libro, Ciencia Oculta, verás cómo, en la descripción de los períodos de Saturno y Sol, el flujo se divide en dos, que luego se entremezclan y trabajan juntos. Aquí tenemos dos flujos. Sin embargo, en las descripciones que se dan habitualmente, las ideas están de acuerdo con la continuación del desarrollo pagano. Y encontrarás que esto es cierto hasta en los detalles más pequeños. Sabes que los teóricos darwinianos que describen la evolución de la forma orgánica, dirían: Primero hubo formas orgánicas simples, luego formas más complicadas, luego formas cada vez más complicadas, y así sucesivamente, hasta el Hombre. Pero esto no es así. Si tomamos al Hombre como tripartito, su cabeza sola es el desarrollo de la forma animal inferior. Lo que se agrega a ella ha surgido después. Así que no podemos decir que en nuestra columna vertebral tenemos algo que se transforma en cabeza, debemos decir: Nuestra cabeza ciertamente surgió de estructuras anteriores que eran parecidas a la columna vertebral; pero la columna vertebral actual no tiene nada que ver con ese desarrollo, es un apéndice posterior. Lo que ahora es nuestra organización de la cabeza ha surgido de una columna vertebral formada de manera diferente.

Esto lo digo para aquellos interesados en la teoría de la descendencia. Lo menciono para que vean que una línea recta conduce desde consideraciones cósmicas hasta la consideración de lo que yace en la evolución humana, y para que vean la necesidad de una Ciencia Espiritual iluminada en todos los diferentes ámbitos del conocimiento y de la vida. Pues la ciencia no debe simplemente seguir desarrollándose, como lo hizo la ciencia del siglo pasado, bajo la influencia de la vista materialista del Universo, que es en sí misma un hijo de la comprensión materialista del Cristianismo. Debemos el materialismo a la materialización de la vista cristiana del Universo. La enseñanza del Cristo cósmico debe ser restablecida en oposición a la forma materializada del Cristianismo que tenemos hoy. Esta es la tarea más importante de nuestra época; y hasta que su importancia sea reconocida, el hombre no podrá ver claramente en ningún dominio. He querido decirles estas cosas, porque les permitirán entender mejor por qué los oponentes malintencionados luchan tan vehementemente contra lo que estamos presentando al mundo hoy. Estuve obligado a conectar todo este estudio con una especie de cosmología, con cuya consideración continuaremos en la próxima conferencia.

Conferencia Catorce: La Fusión de Corrientes Cósmicas y su Influencia en la Humanidad

La parte esencial de nuestro estudio actual es reconocer cómo se encuentran y se entrelazan los dos corrientes de la historia del mundo, la corriente pagana y la corriente cristiana, en nuestra vida, cómo se insertan una en la otra y están conectadas con los eventos en todo el Universo. Para investigar más de cerca esto, primero debemos considerar lo siguiente. Es esencial que discriminemos tan exactamente como sea posible en qué difiere la concepción del mundo pagana, tomándola en el sentido más amplio (pues de hecho, todavía está y debe permanecer en la base de nuestra concepción moderna del Universo) —en qué difiere esta concepción del mundo pagana de la cristiana, que solo en muy pequeña medida, en su plena realidad, ha pasado a las mentes de los hombres. El punto es, como he señalado muchas veces, que ahora hemos llegado a un tiempo en el que lo que podemos llamar la cosmogonía de la Ciencia Natural, y lo que llamamos el Orden Moral del Universo —a lo cual, por supuesto, también pertenece la visión religiosa del mundo— están lado a lado, absolutamente no conectados. Para el hombre de hoy, más de lo que él mismo es consciente, los acontecimientos relacionados con los sucesos naturales y morales son dos cosas completamente diferentes, que él no puede unir en absoluto si desea honestamente mantener la posición de la cosmogonía moderna. Es por eso que la mayor parte de la teología avanzada de los siglos XIX y XX en realidad no tiene cristología. He señalado en varias ocasiones la existencia de libros como "La Esencia del Cristianismo" de Adolf Harnack, en el que no hay ninguna razón por la cual deba mencionarse el nombre de Cristo; pues lo que aparece allí como 'Cristo' no es otro que la Deidad encontrada en el Antiguo Testamento como el Dios Jehová. Realmente no hay diferencia alguna entre el 'Cristo' de Harnack y el Dios Jehová —es decir, no hay diferencia entre lo que se dice del Ser de Cristo y lo que los seguidores de la visión del Universo del Antiguo Testamento dijeron de su Jehová. Si tomamos la idea de Cristo sostenida hoy por muchas personas y la comparamos con lo que de otro modo tienen como su visión de la vida, no hay ninguna razón por la cual deberían hablar de Cristo y el Cristianismo, pues hablar de Cristo y el Cristianismo —y del Nacionalismo, por ejemplo—, como muchos hacen hoy en día, es una contradicción absoluta. Estas cosas solo pasan desapercibidas porque la gente hoy en día evita valientemente sacar la conclusión lógica de lo que ven ante ellos. Sin embargo, la mayor brecha, la mayor sima, existe entre la visión de las cosas sostenida por la ciencia natural y lo que sostiene el Cristianismo; y la tarea más importante de nuestro tiempo es construir un puente sobre la sima. La concepción del Universo sostenida por la ciencia natural es absolutamente el producto del siglo XIX; y es mejor no describir siempre estas cosas de manera abstracta, sino examinarlas un poco de manera concreta.

He mencionado muchas veces el nombre de una personalidad prominente del siglo XIX, alguien que dirige nuestra atención directamente a la concepción del Universo sostenida por la ciencia natural —me refiero a Julius Robert Mayer, a quien debemos asociar con la vista del siglo XIX aunque en su caso esto lleve a algún malentendido. Saben cómo se ha dicho popularmente que la afirmación de la ley de la conservación de la energía se originó con él —o, para hablar con más precisión, la ley que establece que el Universo contiene una suma constante de fuerzas que no pueden aumentarse ni disminuirse, y solo pueden transformarse unas en otras. Calor, fuerza mecánica, electricidad, fuerza química, todas se transforman una en otra; sin embargo, la cantidad de fuerza existente en el Universo permanece siempre la misma. Todo físico moderno sostiene esta visión. Aunque en la conciencia popular los hombres no son conscientes de esta ley de la conservación de la energía, piensan en los fenómenos naturales de una manera que solo se puede pensar cuando uno está bajo la influencia de esta ley. Quiero que entiendan claramente lo que quiero decir. Puede haber algo en la acción de un ser que corresponda a un cierto principio, incluso cuando ese ser no esté en posición de comprender ese principio. Supongan, por ejemplo, que uno quisiera hacer entender a un perro que una doble cantidad de carne significa que se ha tomado una cantidad única dos veces; no se podría hacer. El perro no podría entender eso conscientemente, pero en la práctica actuará de acuerdo con este principio; pues si tiene la oportunidad de morder un trozo pequeño o uno dos veces más grande, por lo general, tomará el más grande, suponiendo que las demás condiciones sean iguales. Y un hombre puede estar bajo la influencia de un principio sin explicárselo a sí mismo en forma abstracta como tal. Así que podríamos decir: Ciertamente, la mayoría de las personas no piensan en la ley de conservación de la energía, pero sí imaginan todo el conjunto de la Naturaleza de una manera que está de acuerdo con la ley, porque lo que les enseñaron en la escuela se enseñó asumiendo que la ley de conservación de la energía existe. Es interesante ver cómo se expresaba la línea de pensamiento de Mayer cuando tenía que explicársela claramente a otros que aún no pensaban de la misma manera.

Julius Robert Mayer tenía un amigo que llevaba un registro de muchas de sus conversaciones. Relata muchos hechos interesantes, hechos con los que se puede examinar a fondo el modo de pensar del siglo XIX. En primer lugar, para dar algo completamente externo, elegiré lo siguiente. Julius Robert Mayer estaba tan completamente empapado en todo el conjunto de ideas que conducían a la conservación de la energía, a la mera transmutación de una fuerza en otra, que por lo general, cada vez que se encontraba con un amigo en la calle, no podía evitar llamarlo desde lejos: '¡De la nada,

nada viene!' Al visitar a su amigo un día —el nombre del amigo era Rümelin—, al llamar a la puerta y abrirla, estas fueron sus primeras palabras, incluso antes de saludar a su amigo: '¡De la nada, nada viene!' Tanto arraigada estaba esta expresión en la conciencia de Mayer.

Rümelin relata una discusión muy interesante en la que, al no conocer muy bien la ley de la conservación de la energía, deseaba que se le explicara su naturaleza. Julius Robert Mayer, que venía de Heilbronn —(su monumento está allí)—, dijo: 'Si dos caballos están tirando de un carruaje y avanzan una cierta distancia, ¿qué sucederá?' —'Bueno', dijo Rümelin, 'los viajeros en el carruaje llegarán a Ohringen.' —'Pero si se dan la vuelta y regresan sin haber hecho nada en Ohringen, y vuelven a Heilbronn?' —'Bueno', respondió Rümelin, 'en ese caso, el viaje de ida ha, por así decirlo, cancelado el de vuelta, de modo que aparentemente no hay ningún resultado; sin embargo, el efecto real es que los viajeros vinieron y fueron entre Heilbronn y Ohringen.' —'No', dijo Mayer, 'eso es solo un efecto secundario; no tiene nada que ver con lo que realmente sucedió. El resultado del gasto de fuerza por parte de los caballos, eso es algo completamente diferente. A través de este gasto de fuerza, primero los propios caballos se calentaron, en segundo lugar los ejes del carruaje alrededor de los cuales giraban las ruedas se calentaron, y en tercer lugar, si midiéramos con un termómetro delicado las hendiduras hechas por las ruedas en la carretera, encontraríamos que el calor dentro de ellas era mayor que en los lados. Eso es el resultado real. En los propios caballos, la materia también se consumió a través de la transmutación de la sustancia. Todo esto es el efecto real. El otro efecto, que las personas viajaron de ida y vuelta entre Heilbronn y Ohringen es un efecto secundario, pero no el suceso físico real. El suceso físico real fue la fuerza gastada de los caballos, la transmutación en calor aumentado de los caballos, el calor aumentado en los ejes, el consumo de grasa del carro por fricción en las ruedas, el calentamiento de las huellas en la carretera, y así sucesivamente.' Cuando uno mide —como lo hizo Mayer en ese momento y especificó la cantidad correspondiente—, uno encuentra que toda la fuerza que los caballos ejercieron pasó sin resto a calor. El resto es todo un asunto secundario, un tema lateral.

Esto, por supuesto, tiene cierta influencia en nuestra concepción de las cosas, y el resultado final es que debemos decir: 'Bueno, debemos liberar los acontecimientos naturales de todo lo que sea un tema secundario en el sentido del pensamiento científico estricto, pues los temas secundarios no tienen nada que ver con el pensamiento científico en el sentido que se entiende en el siglo XIX. El efecto secundario está completamente fuera de los límites de los sucesos de la ciencia natural.' Sin embargo, si preguntamos: ¿Cómo se expresa lo que podríamos llamar ley moral natural? ¿En qué se expresan el valor humano y la dignidad humana? Ciertamente no en el hecho de que la fuerza (energía) de los caballos se transmute en el calor de los ejes del carruaje; no, en este caso el efecto secundario es el punto principal. Reflexionemos, sin embargo, en cómo en todo lo que se considera en la ciencia natural, este efecto secundario se omite por completo. Los hombres del siglo XIX, e incluso Kant en el siglo XVIII, formaron su visión del origen del Universo simplemente a partir de los principios que Julius Robert Mayer definió tan claramente, cuando separó lo que pertenece solo a la naturaleza de todo lo que para él era simplemente un efecto secundario.

Si mantenemos esto claramente en mente, estamos obligados a decir: El Universo debe ser así construido a partir del principio que reconocemos como Principio de la Naturaleza; todo lo que ha tenido lugar a través del Cristianismo, por ejemplo, es solo un efecto secundario, como el hecho de que las personas viajaron en carruaje desde Heilbronn hasta Ohringen, pues lo que tenían que hacer allí no entra en consideración en la visión de la Ciencia Natural. Sin embargo, ¿no se cruzan de alguna manera estos dos corrientes?

Supongamos que Rümelin no hubiera estado satisfecho, sino que hubiera planteado la siguiente objeción —sé que no es válida para el físico de hoy, pero es aplicable a la construcción de una visión general del Universo— supongamos que se dijera lo siguiente: Si las personas que estaban viajando de Heilbronn a Ohringen no hubieran elegido hacerlo, los caballos no habrían gastado su fuerza, la transmutación en calor no habría tenido lugar, o habría sucedido en un lugar y bajo condiciones diferentes. Así que en nuestra consideración de lo que sucedió de acuerdo con la ciencia natural, estamos limitados a esa parte del evento que no nos lleva a la causa última. El evento nunca habría tenido lugar si los viajeros no hubieran supuesto que tenían algo que hacer en Ohringen. Así que lo que la ciencia natural debe considerar como un asunto secundario entra no obstante en los sucesos naturales. O, supongamos que los viajeros tenían algo que hacer en Ohringen a una hora específica. Supongamos que los ejes del carruaje no solo se calentaron, sino que uno de ellos se rompió —en ese caso no podrían haber continuado su viaje. Lo que sucedió, la rotura del eje, sería entonces, por supuesto, explicable científicamente, pero lo que ocurrió a través de este fenómeno natural —es decir, que algo planeado no pudo llevarse a cabo— podría, como se puede imaginar fácilmente, tener consecuencias tremendamente profundas, que además llevarían a otros procesos naturales, que a su vez llevarían a otras consecuencias.

Así vemos que incluso cuando nos encontramos en terrenos puramente lógicos, surgen preguntas muy significativas y graves. Debemos decir de inmediato que estas no pueden ser respondidas por la concepción del Universo que surge de la hipótesis de nuestra formación moderna; no pueden ser respondidas sin la Ciencia Espiritual. De ninguna manera pueden ser respondidas sin ella; pues antes de que surgiera la tendencia al pensamiento modal científico-natural, que fue llevada a tal exactitud por Julius Robert Mayer, no existía esa clara línea de división entre el pensamiento modal científico-natural y el pensamiento moral. Si consideramos el siglo XII o XIII, encontramos que lo que la gente tenía que decir entonces sobre el orden moral y el orden físico siempre estaba en armonía. Hoy en día la gente ya no lee seriamente; pero si leen tales obras —podría decir, no quedan muchas cosas de los tiempos antiguos que hayan llegado a nuestros días completamente sin adulterar— pero si toman obras que son como rezagados de las antiguas concepciones cósmicas, descubrirán muchas cosas que prueban cómo en tiempos anteriores lo Moral se introducía en lo Físico, y lo Físico se elevaba a lo Moral. Lean una de estas —ahora ya algo falsificada pero aún bastante legible— lean una de las escrituras de Basilio Valentín. Cuando lean allí acerca de metales, planetas, drogas medicinales, en casi cada línea se encontrarán con adjetivos aplicados a los metales — buenos, malos, metales sagaces, y similares— que muestran que incluso en este dominio se introducía un pensamiento moral. Por supuesto, eso no podría hacerse hoy. La abstracción ha llegado tan lejos que los fenómenos naturales se han separado de todos los efectos secundarios, como podemos ver en Julius Robert Mayer; uno no puede decir que fue la amabilidad de los cascos de los caballos lo que los movió a usar la grasa del eje por el calor producido por su movimiento. No es posible en esta conexión científica introducir ningún tipo de categoría moral. Hay dos dominios, el natural y el moral, y estos están claramente uno al lado del otro. Si los acontecimientos mundiales fueran como se muestran por ese tipo de presentación, el hombre no podría existir en absoluto en nuestro mundo, no estaría allí —pues ¿cuál es la razón de la forma física actual del hombre?

Cuando hablo aquí de la forma física del hombre, debo pedirles que tomen la palabra 'forma' en serio. Los filósofos naturales de hoy no toman en serio la expresión 'forma humana'. ¿Qué hacen? Como Huxley y otros, cuentan los huesos del hombre y de los animales superiores, y a partir de la cantidad de estos sacan la conclusión de que el Hombre es solo una etapa más evolucionada del animal. O cuentan los músculos y así sucesivamente. Hemos tenido que señalar repetidamente que el punto esencial es que la línea de la columna vertebral del animal es horizontal, mientras que la columna vertebral humana es vertical; y aunque ciertos animales se levanten, la posición con ellos no es característica, lo característico del animal es la línea horizontal de la columna vertebral. De esto depende toda la formación. Así que les pido que tomen en serio lo que deseo expresar con la palabra 'forma'.

Esta forma del hombre; ¿dónde debemos buscar su origen, su origen físico primario, de manera espiritual en el Universo? Ya he tocado este punto en estas conferencias, he señalado a los cielos estrellados que se mueven —ya sea aparente o realmente, es inmaterial en el momento— alrededor de la Tierra; el Sol también. Así que el Sol toma el mismo camino; pero si tenemos en cuenta lo que ahora sabemos, es decir, que el Sol cambia su punto de partida cada primavera, quedándose atrás un poco en relación con las estrellas, llegamos a un hecho especialmente importante. El cambio de posición del Punto Vernal se puede ver en el hecho de que la constelación en el año siguiente se levanta antes que el Sol y se pone antes, mostrándonos que el Sol se queda atrás. He señalado que incluso los antiguos egipcios sabían que si el círculo se divide en 360 grados, el Sol se queda un día atrás en 72 años. Es decir, en 360 veces 72 años, o 25,920 años, se queda el círculo entero atrás, y regresa a la estrella desde la cual comenzó 25,920 años antes.

Así que tenemos el hecho de que en el Universo las estrellas viajan alrededor, y el Sol da la vuelta —no entraré en la cuestión de si esta revolución es solo aparente o no, el punto importante bajo consideración es que el Sol viaja más lentamente, quedándose un grado detrás del círculo cósmico en 72 años; y 72 años, como ya he indicado, es la duración máxima normal de la vida de un hombre. El hombre vive 72 años, exactamente el período en que el Sol se queda un grado detrás de las otras estrellas.

Hemos perdido el sentimiento adecuado por estas cosas. Incluso en los Misterios Hebraicos tardíos, el maestro aún inculcaba muy fuertemente a sus discípulos que es Jehová quien hace que el sol se detenga detrás de las estrellas y, con la fuerza que el Sol retiene así, formó la forma humana, que es Su imagen terrenal. Así, tengan en cuenta, las estrellas recorren su curso rápidamente, el

Sol más lentamente, y así surge una ligera diferencia que, según estos antiguos Misterios, fue lo que produjo la forma humana. El hombre nace fuera de tiempo, nace de tal manera que debe su existencia a la diferencia en velocidad entre el día cósmico de las estrellas y el día cósmico del Sol. En el lenguaje moderno deberíamos decir: Si el Sol no estuviera en el Universo como está, si fuera solo una estrella como las demás estrellas, teniendo la misma velocidad que las demás estrellas, ¿cuál sería la consecuencia? Sería que los poderes luciféricos gobernarían solos. Que esto no es así, que el hombre es capaz de retenerse de los poderes luciféricos con todo su ser, se debe a la circunstancia de que el Sol no comparte la velocidad de las estrellas sino que se queda atrás de ellas, no desarrollando la velocidad luciférica sino la velocidad de Jehová. De nuevo, si solo existiera la velocidad del Sol y no la de las estrellas, el hombre no sería capaz de adelantarse al resto de su desarrollo con sus poderes mentales, como lo hace actualmente. Tal condición no encajaría bien en toda su evolución. En nuestra época esto es muy llamativo. Si hemos estudiado la Ciencia Espiritual seriamente, sabemos que un hombre de 36 años, por ejemplo, entiende cosas que no podría a los 25. Se necesita experiencia para la comprensión de ciertas cosas. Esto no se admite hoy en día, pues un hombre de 25 años se siente completo. Solo es completo en cuanto a poderes mentales, pero no en experiencia, pues la experiencia se adquiere más lentamente que la comprensión. Si esto se tuviera en cuenta, no encontraríamos que los jóvenes de hoy ya han formado su punto de vista, pues sabrían que no podrían hacerlo antes de adquirir cierta cantidad de experiencia. La comprensión viaja con las estrellas, la experiencia con el Sol. Suponiendo que la vida humana es de 72 años (a menos que eventos de la Naturaleza intervengan causando que el Hombre muera más viejo o más joven), decimos que dura el tiempo que el Sol tarda en retroceder un grado. ¿Por qué es esto? La razón radica en un cierto ajuste fino en el Cosmos. Nuestro estudio preliminar me obliga a pedirles que me sigan por un tiempo en este dominio.

Si consideramos un eclipse lunar que ocurre en cierto año, entonces habrá una cierta fecha en la que el eclipse puede ocurrir. El eclipse lunar ocurre en la misma fecha cada aproximadamente 18 años, y en la misma constelación. Hay un ritmo periódico en el eclipse lunar, un ritmo de 18 años. Eso es solo un cuarto de un día cósmico y solo un cuarto de la vida de un hombre. El Hombre, si puedo expresarlo así, soporta cuatro de esos períodos de oscuridad. ¿Por qué? Porque en el Universo todo está en armonía numérica. En promedio, el Hombre tiene, de acuerdo con la actividad rítmica de su corazón, no solo 72 años de vida, sino también 72 latidos del pulso, y aproximadamente 18 respiraciones — nuevamente el cuarto— en el minuto. Este acuerdo numérico se expresa en el Universo por el ritmo entre los 18 años —el período Saros Caldeo, así llamado porque los caldeos lo descubrieron primero— y el período Solar; y es el mismo ritmo que también se encuentra en el Hombre en la movilidad interna entre su respiración y sus latidos del pulso. Platón dijo, no sin razón: 'Dios geométriza, aritmetiza' ... Así nuestros 72 años de vida, a los que también se coordina nuestra actividad cardíaca y del pulso, atraviesan el período Saros cuatro veces; porque en nuestra actividad cardíaca y del pulso tenemos nuestra actividad respiratoria, por así decirlo, cuatro veces. Todo nuestro organismo humano está construido sobre las líneas del Universo, pero solo vemos su significado cuando tenemos en cuenta otra conexión.

Como dije en una de las conferencias anteriores, solo evaluamos correctamente el movimiento de la Luna, su revolución alrededor de su eje, cuando conectamos su revolución no con el día del Sol, sino con el día de las estrellas. Si tenemos el tiempo solar en vista, debemos considerar un tiempo más corto, 27.5 días para la revolución del día lunar. Les he dicho que la revolución de la Luna no es tal que concuerde del todo con la del Sol, sino con la del tiempo de las estrellas. Por lo tanto, solo entendemos correctamente nuestro movimiento lunar cuando no pensamos en él como perteneciente al movimiento solar, sino al de las estrellas. En cierto sentido, por lo tanto, el movimiento solar está fuera del sistema al que pertenecen la Luna y las estrellas. Así estamos situados en el Universo de tal manera que, por un lado, estamos coordinados con el sistema estelar-lunar, y por otro, con el movimiento solar.

Aquí vemos la gradual divergencia de la astronomía

solar y estelar. Como hemos visto, si solo tenemos una astronomía, todo cae en confusión. Solo podemos llegar a una comprensión correcta si, no limitándonos a una astronomía, decimos: Por un lado, tenemos el sistema estrellado que, en cierto sentido, contiene dentro de sí a la Luna; y por otro, el sistema al que pertenece el Sol. Se penetran mutuamente. Trabajan juntos. Pero estamos equivocados si aplicamos la misma ley a ambos.

Cuando nos damos cuenta de que tenemos dos astronomías completamente diferentes, diremos: Los acontecimientos cósmicos en los que estamos involucrados tienen dos orígenes, pero estamos tan situados que estos dos flujos se funden en nosotros. Se fusionan en nosotros, los seres humanos. ¿Qué es entonces lo que ocurre en nosotros? Supongamos que solo lo admitido por el científico natural ocurriera en nosotros —ocurrirían todo tipo de cosas en el organismo humano, movimientos de sustancias y así sucesivamente; estos se extenderían por todo el organismo, también al cerebro y, por consiguiente, a los sentidos. ¿Cuál sería entonces la consecuencia si toda la transmutación de sustancias que ocurre en el organismo humano y que se inserta en el Cosmos como he explicado— si este metabolismo se extendiera al cerebro? Nunca podríamos tener la conciencia de que nosotros mismos pensamos. Oxígeno, hierro y otras sustancias, carbono y así sucesivamente —de estas diríamos, en sus relaciones mutuas, 'ellos piensan en nosotros'. Pero de hecho no somos conscientes de nada de eso. No hay cuestión de que esté en nuestra conciencia. Lo que tenemos como un hecho de conciencia es el contenido de nuestra vida del alma. Eso puede existir bajo ninguna otra hipótesis que no sea que todo este acontecimiento bastante material sea demolido, sea aniquilado, y que en nosotros no haya realmente conservación de fuerza y sustancia, sino que se haga lugar mediante la aniquilación de la sustancia, para el desarrollo de la vida del pensamiento. De hecho, el Hombre es la única arena en la que se produce una aniquilación real de sustancia. Nunca lo entenderemos mientras solo seamos conscientes de lo que está fuera de nosotros.

Ahora, si partimos del supuesto de que después de 72 años el Sol se retrasa un grado en la esfera celestial, que existe esta diferencia de velocidad entre el movimiento de las estrellas y el del Sol (cuya diferencia actúa en nosotros, converge, por así decirlo, en nosotros); y si luego nos imaginamos cómo la formación de nuestra cabeza proviene de los cielos estrellados, y cómo cuando nosotros, según una expresión muy hermosa, primero 'vemos la luz', nos involucramos en el movimiento del Sol, entonces debemos decir: Hay en nosotros una tendencia continua a trabajar con una velocidad menor en contra de la velocidad más rápida de las estrellas. La acción de las estrellas en nosotros es opuesta. ¿Cuál es el efecto de esta oposición? Es la destrucción de lo que las estrellas producen en nosotros materialmente, su destrucción; así, la destrucción de la ley puramente material se produce a través de la actividad solar. Por lo tanto, podemos decir: En nuestro progreso a través del mundo como seres humanos, si nos mantuviéramos al ritmo, por así decirlo, de las estrellas, las acompañaríamos de tal manera que estaríamos sujetos a la ley material del Universo. Pero esto no lo estamos. Las leyes solares se oponen, nos detienen. Hay algo dentro de nosotros que nos detiene. El resultado de las dos actividades en nosotros podría calcularse exactamente, por ejemplo, en el siguiente caso. (El cálculo no se puede seguir aquí, primero porque tomaría demasiado tiempo y segundo porque no podrían seguirlo). Aquí, digamos, ocurre un cierto movimiento (flecha apuntando hacia abajo), es decir, se produce un flujo con una cierta velocidad; y el arroyo luego se fusiona con otro arroyo —se debe asumir que el otro flujo no va en la misma dirección sino en dirección opuesta (flecha hacia arriba). Los dos arroyos fluyen, por lo tanto, uno en el otro. O imagina un viento girando con cierta velocidad de arriba hacia abajo, y otro de abajo hacia arriba, y giran uno dentro del otro. Si tomamos la diferencia de velocidad entre la corriente descendente y la ascendente, relacionando esta última con la primera de tal manera que una diferencia de velocidad resulte llevando la misma relación que la diferencia de velocidad entre el tiempo estelar y el tiempo solar, entonces a través de la rotación surge una condensación que recibe su propia forma distintiva. Uno gira hacia abajo, y como el otro gira hacia arriba impulsando con una mayor velocidad, la menor velocidad sería la que impulsa hacia abajo, lo que da aquí (ver diagrama) a través de la colisión, una condensación, una cierta figura. Esta figura, despreciando las imperfecciones, es una silueta del corazón humano.

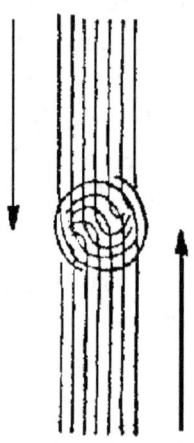

Así, a través del encuentro del flujo Luciferino y del flujo Jehová, es posible construir exactamente la figura del corazón humano. Se construye simplemente a partir de las revelaciones del Universo. Es absolutamente cierto; el movimiento solar es una expresión de un movimiento más lento que se encuentra con un movimiento más rápido, y estamos tan insertados en los dos movimientos que surge la silueta de nuestro corazón; y sobre él se ajusta el resto de la forma humana. Vemos a partir de esto qué Misterios están realmente ocultos en el Cosmos, porque tan pronto como admitimos que tenemos dos astronomías, que trabajan juntas en sus resultados — ¿cuál es el resultado? El corazón humano. Toda la perspectiva de la ciencia natural moderna se basa en el hecho de que no distingue estos dos flujos entre sí. Esto le acarrea el destino trágico de que el trabajo armonioso se desintegre, dejando por un lado, los eventos en la Naturaleza, tal como los razonó Julius Robert Mayer; y por otro lado, los 'resultados secundarios', porque la gente no puede unir cósmicamente en el pensamiento lo que trabaja en conjunto desde estos dos flujos. Así que para el pensamiento del hombre, el mundo se desintegra en dos extremos.

Aquí radica el aspecto cósmico de algo tremendamente significativo en lo que respecta a la comprensión del Hombre y del Universo. A menos que el hombre pueda renovar, sobre esa base de pensamiento que estamos dando hoy, el conocimiento contenido en los antiguos Misterios en el momento en que el hombre esperaba el cristianismo —como he descrito en el libro, Cristianismo como Hecho Misterioso— a menos que podamos dar vida a este conocimiento antiguo en una forma presente, como se debe hacer, todo conocimiento permanece como una ilusión; porque lo que se expresa con tanta claridad en el corazón humano se encuentra en todas partes. En todas partes, los eventos que suceden son explicables a través de la unión de dos flujos, que surgen de fuentes diferentes.

En la inserción del Misterio del Gólgota en la evolución de nuestra Tierra, tenemos que ver con un Evento de naturaleza totalmente diferente a todos los demás acontecimientos de la evolución terrestre; y esto nunca lo entenderemos a menos que comencemos por aprender a entender el Cosmos mismo.

Lo que he dicho hoy está destinado como preparación o base sobre la cual podremos construir en nuestras conferencias de mañana y pasado mañana.

Conferencia Quince: La Sabiduría Antigua

En los estudios anteriores hemos indicado cuán necesario es estudiar al Hombre en su totalidad si queremos ver cuán exacta copia es en toda su naturaleza del Universo en su totalidad. Es especialmente importante recibir este conocimiento no solo en nuestro intelecto, sino también en nuestro sentimiento y voluntad; porque solo al considerar al Hombre en su totalidad como nacido del Universo entero, se puede obtener una comprensión más profunda de lo que el cristianismo desea ser para el mundo. Podría objetarse fácilmente que si esto es así, se exige una comprensión complicada de los detalles del Universo y del Hombre a la humanidad moderna para que el Hombre se convierta en Hombre completo en su conciencia. Sin embargo, reflexiona que esta demanda, que ahora se acerca a la humanidad como una demanda cardinal, no es peculiar de la Ciencia Espiritual. Para indicar exactamente lo que quiero decir, permíteme primero plantear la pregunta: ¿Qué demanda trajo el cristianismo cuando llegó por primera vez al mundo? En realidad reclamaba una comprensión del Universo que originalmente pertenecía a las concepciones antiguas paganas, pero que ha sido completamente olvidada con el tiempo. Solo considera lo que ha perdido gradualmente el Hombre en el transcurso del tiempo de las visiones fundamentales y características del cristianismo. El cristianismo apareció por primera vez de tal manera que solo podía ser entendido comprendiendo, por ejemplo, la Trinidad: la Naturaleza de Dios Padre, Dios el Hijo —es decir, Jesucristo— y el Espíritu. En el sentido en que el cristianismo entendía estos tres aspectos de lo Divino Espiritual, la comprensión de ellos no exigía menos que la comprensión de cosas como las que hoy se dan por la Ciencia Espiritual. Solo todo lo que conduce a la comprensión de esta idea de Padre, Hijo y Espíritu ha sido gradualmente eliminado; se ha arrojado fuera de lo inteligible y se ha convertido en palabras vacías; solo se han retenido las cáscaras vacías de las palabras. Durante siglos, el Hombre ha tenido estas cáscaras de palabras vacías. Esto ha llegado tan lejos que, después de haberlas rechazado dogmáticamente primero, la gente ha comenzado a ridiculizarlas. Los mejores de los hombres han ridiculizado estas cáscaras vacías. Ridicule has been poured upon them. 'Dogmatic Theology', it is said, 'claims that One is Three and Three One!' it is indeed a terrible delusion, it is sheer deception to believe that the Christian movement has ever demanded less understanding, less self-sacrificing knowledge, than that demanded by modern Spiritual Science — and demanded by it in order to regain Christianity. The most important and basic facts have been cast out of Christianity, and if we leave out of account that these live on in the different confessions as words, we can ask: What really remains to man of the fundamental ideas of Christ Himself? How does modern man discriminate between Christ and the Universal Cosmic God who can be met with in the ideas of Jahveh or Jehovah? I have drawn attention to the fact that even theologians such as Harnack do not discriminate. How many people today are clear as to what is to be understood by the Spirit? People have become such 'abstractlings', satisfied with the mere empty husks of words; either they remain in the churches and are satisfied; or if they are — as they call it — 'enlightened', they turn all to ridicule. What is given in empty husks of words can never have the power to bring light to the individual activities of human knowledge.

Reflexiona hasta qué punto hemos avanzado realmente en esta dirección. Todo lo que comprendía el conocimiento de la antigua Grecia era al mismo tiempo un principio curativo. El curador era un sacerdote y al mismo tiempo el maestro del pueblo. Que el maestro y sacerdote también fuera curador presupone que algo insano estaba presente en todo el proceso de civilización; de lo contrario, no habría motivo para hablar de un curador. Hablaban del curador porque desde un conocimiento instintivo tenían aún una comprensión del proceso cósmico completo, más comprensivo e intenso que el que poseemos hoy en día. Hoy en día, el Hombre imagina el proceso cósmico como si siempre siguiera su curso de tal manera que lo que viene después es siempre el efecto de lo que fue antes; pero esto no es así en realidad. El conocimiento instintivo más antiguo era consciente de que esto no era así. Hoy en día, los hombres imaginan, especialmente aquellos que hablan de progreso en abstracto, que la evolución está constantemente destinada a ascender. Encontramos esta noción de una evolución ascendente entre los filósofos superficiales de los tiempos modernos. Un hombre que simplemente es arrastrado por los prejuicios generales de la época, como Wilhelm Wundt, el no-filósofo, que se convirtió en el filósofo del momento para muchos, también hablaba como un supuesto filósofo de tal "Progreso Universal", sin el menor conocimiento de lo que realmente yace en el verdadero curso del desarrollo humano. Debemos darnos cuenta de que en el verdadero curso del desarrollo humano siempre hay una tendencia a degenerar. No hay una tendencia hacia el progreso allí, menos aún en la historia. Hay una continua tendencia hacia la degeneración, y solo porque lo que llamamos enseñanza, o conocimiento, trabaja constantemente en contra de ella, se eleva lo que de otro modo sería arrastrado a las profundidades. Solo de esta manera tenemos progreso.

Considera desde este punto de vista cómo está el asunto con el niño. El niño nace. La gente habla de herencia, pero solo heredamos lo que conduciría a la decadencia. Si el niño no fuera educado por todo su entorno y más tarde por la escuela y por la vida, degeneraría. La educación es un preservativo contra la degeneración, trae curación. El antiguo conocimiento instintivo del Hombre todavía consideraría como un proceso curativo todo lo relacionado con el conocimiento, la educación o el sacerdocio. En la antigüedad, el oficio del médico no podía separarse del del sacerdote, eran uno y el mismo. La evolución moderna ha separado la ciencia natural de la ciencia del alma y del espíritu, como expliqué en la conferencia de ayer. Así, el Hombre deja a la ciencia médica la curación de todo lo que, según Julius Robert Mayer, no tiene nada que ver con los objetivos humanos, sino que se preocupa solo por el uso de las fuerzas de los caballos y su transmutación en calor en los caballos, en los ejes de los carros, en las calles por las que pasaban las ruedas, y así sucesivamente. Esto, hablando en términos generales, se deja al médico; y personas como Rubner en Berlín, que es solo un representante de este modo de pensar, calculan lo que es necesario para la vida humana casi como si el Hombre fuera una especie de estufa complicada.

Pero ahora saca la conclusión social-ética de tal concepción, y reconoce que si de todo lo que tiene lugar en la transmutación de la fuerza los propósitos y objetivos del Hombre son solo un efecto secundario, entonces nos encontramos con la posibilidad de creer que el mundo podría prescindir de estos efectos secundarios. De hecho, esa es realmente la creencia secreta del Hombre moderno, que lo real consiste solo en lo físico, y todo lo demás es una corriente secundaria, un efecto secundario.

Frente a tal punto de vista, sería solo coherente rechazar el cristianismo, como lo hicieron los materialistas de mediados del siglo XIX. En realidad llevaron a cabo hasta su conclusión lógica la concepción cósmica materialista, diciendo: ¡Si el naturalismo es correcto, entonces no queda más remedio que ridiculizar la idea de cualquier diferencia entre un transgresor y un buen hombre —porque por supuesto, la misma cantidad de fuerza se transmuta en calor en uno como en el otro! Las preguntas que atraviesan el mundo en la actualidad son realmente a menudo preguntas de honestidad, coraje y coherencia. En un momento en el que el hombre ciertamente no posee esta honestidad con respecto a las cosas externas de la vida, no es de extrañar que tampoco esté presente en estas cuestiones cardinales.

Así es como se da que la humanidad moderna todavía habla de Cristo, sin realmente saber que Él debe ser distinguido del Dios Universal que subyace a toda la naturaleza. Si el Concepto de Cristo ha sido gradualmente cambiado en el simple concepto de Dios, eso significa una regresión de la humanidad, hacia antes del Misterio del Gólgota. Para entender el cristianismo correctamente es necesario tomar este principio de degeneración en serio, y oponer a él la necesidad de trabajar algo completamente diferente de lo que lleva en sí el germen de la degeneración. La atención del Hombre de hoy debe ser atraída hacia el hecho de que en ese momento en el curso de los acontecimientos terrenales cuando la Tierra se movía —junto con el Hombre, por supuesto— a través del Misterio del Gólgota, algo tuvo lugar como un acontecimiento en la Tierra que tuvo significado no solo para la humanidad, sino para toda la vida terrenal.

Para comprender esto, la Naturaleza y el Espíritu deben ser estudiados con mucha más seriedad de la que se encuentra en la inclinación de la humanidad moderna. Para explicar esto, permíteme señalar algo que vivía en la conciencia del hombre, quizás hasta el octavo siglo antes de Cristo. En ese entonces, el hombre no se percibía a sí mismo como un ser aislado, como lo hace hoy. Hoy en día se siente como un ser encerrado en su piel, pero hasta el séptimo u octavo siglo a.C. se sentía como un miembro del Universo entero, participando en los eventos de todo el Universo. Por grotesco que pueda parecer hoy, es un hecho que en aquellos tiempos antiguos el hombre no sentía su cabeza tan fuertemente cerrada por su cráneo, sentía que lo que vivía en su cabeza se extendía al Cosmos y pertenecía a todo el cielo estrellado. Extraño como pueda parecer hoy, se sentía a sí mismo en la esfera de las estrellas, porque sentía su cabeza en conexión viva con ellas. Así que se decía a sí mismo: 'Cuando el cielo nocturno se arquea sobre mí, realmente soy yo mismo quien vive allí en comunión viva de mi cabeza con las estrellas.' Decía: 'Sigo el curso del tiempo más adelante, cuando después de la noche aparece el día. Entonces las estrellas que se levantaron en un lado se ponen en el otro, y en su lugar el Sol se levanta. La configuración de las estrellas ya no trabaja en mi cabeza, porque el Sol toma el lugar del cielo estrellado y mis ojos son los que están coordinados con el Sol.' Y porque sentía vívidamente: 'Mis ojos están coordinados con el Sol cuando estoy ocupado en la Tierra durante el día,' se decía a sí mismo: 'Así como ahora hay una existencia terrenal y mis ojos están coordinados con el Sol, así en la existencia anterior a la Tierra (la llamamos existencia lunar) toda mi cabeza era una especie de ojo; no como ahora, percibiendo los objetos de una manera doble, sino, mirando hacia el Cosmos, había dentro de mí, en mi cerebro, como si fueran muchos pequeños ojos como estrellas hay allá afuera en la noche. De estos pequeños ojos ha crecido todo lo que ahora vive en mi cerebro; y mis ojos de los sentidos son solo productos posteriores, coordinados al Sol como lo fue mi cerebro al cielo estrellado. Por lo tanto, mi cerebro es un producto posterior de la evolución de un ojo, o realmente de muchos ojos separados, tantos en número como las estrellas que brillan allí afuera en la noche. Así que mi cerebro ha crecido de un sentido; y lo que ahora está en la existencia terrenal, mi ojo, mediante el cual estoy en comunicación con mi entorno terrenal, será un órgano interno, como está ahora en mi cerebro, cuando la Tierra haya sido reemplazada por otro planeta (que como saben llamamos la condición de Júpiter). Lo que está ahora en mi superficie externa se dibujará en mi ser interno. Las personas se verán diferentes. Lo que ahora tienen como correspondencia con su entorno formará un órgano interno en tiempos futuros.' La humanidad antigua sintió esto instintivamente y dijo: 'La luz penetra; a través del ojo de mis sentidos, pero en mi ser interno conservo la luz de tiempos antiguos. Funciona en mí como pensamiento. El pensamiento era una percepción sensorial antes de que la Tierra se convirtiera en Tierra, cuando era un planeta anterior; y mi percepción sensorial será pensamiento en el futuro.' En tiempos antiguos, el hombre percibía todo esto como sabiduría, que sentía 'instintivamente' como diríamos hoy. Los antiguos no arrojaban la palabra 'instintivo' como se hace hoy, decían: 'Es la sabiduría que los Dioses en el cielo nos han traído a la Tierra.' De lo que surgió en ellos instintivamente sobre el pasado, presente y futuro, decían: 'Esto nos lo trajeron los Inmortales.' Esto se representaban a sí mismos en imágenes. ¿Qué nos dice la imagen de Isis? 'Yo soy el Todo; soy el Pasado, el Presente y el Futuro. Mi Velo ningún mortal lo ha levantado.' La interpretación moderna de esto es realmente una extraña verdad. La gente de hoy piensa en términos materialistas sobre un dicho que contiene el término 'mortal'. No piensan, en el caso de este dicho de Isis: 'Yo soy el Pasado, yo soy el Presente, yo soy el Futuro. Mi velo no ha sido levantado por ningún Mortal;' pero piensan en ello como: 'Yo soy el Pasado, el Presente y el Futuro; mi velo no ha sido levantado todavía por ningún hombre.' La gente de hoy no reflexiona cómo, por otro lado, se consideran inmortales y que, por lo tanto, 'Mi velo no ha sido levantado por ningún mortal' no puede ser considerado como una sentencia final. Novalis dijo: 'Bueno entonces, debemos volvérnos inmortales, para que podamos levantar el velo de Isis.'

Reflexionemos sobre el pensamiento subyacente presentado por los materialistas modernos. Les complace pensar: 'Yo soy el Todo. Yo soy el Pasado, el Presente y el Futuro. Mi velo ningún hombre ha levantado.' Porque así se ahorran el esfuerzo de levantarlo, y sus filósofos pueden enseñar que el hombre ahora ha alcanzado los límites del conocimiento. En realidad, quieren decir que el hombre es demasiado indolente para seguir el camino del conocimiento. No les gusta decir esto, así que dicen que el hombre ha alcanzado los límites del conocimiento.

En nuestra era, que quiere ser independiente de la autoridad, estas cosas son aceptadas, pero no deben llevarse al futuro, si el hombre no quiere caer en decadencia. No debe pasarse por alto que nadie tiene el derecho de llamarse a sí mismo cristiano si cree solo en un progreso general y no se da cuenta de que si la Tierra hubiera sido dejada a su suerte desde el Misterio del Gólgota, habría caído en decadencia. Por lo tanto, es necesario oponer a esta decadencia algo que no podemos obtener de la Tierra, ni de aquello de lo que la Tierra se deriva —el Padre-Dios—, sino que debe ser obtenido de Dios el Hijo, e inyectado en la evolución continua de la humanidad. Es una desviación absoluta del hombre de su tarea de hoy si continúa sin querer admitir que el Universo debe ser llevado a relación con el Evento de Cristo. Piensa en lo que realmente significa cuando, aunque sea asaltado por confesiones católicas y evangélicas, la Ciencia Espiritual afirma que el concepto de Cristo y el concepto del Cosmos deben estar unidos, mientras que contra eso siempre se dice: 'La Ciencia Espiritual no tiene idea de que Cristo solo debe ser entendido en un sentido ético, como algo insertado solo en el orden moral del mundo.' Si el hombre considera el orden moral del mundo como un efecto secundario de la transmutación de fuerzas, entonces el concepto de Cristo insertado solo en el orden moral del mundo, también aparece como un mero efecto secundario en el sistema cósmico.

Hemos hablado de una cosa a la que apuntaba el antiguo conocimiento instintivo de la humanidad, a saber, que el cerebro humano está en relación con la esfera estelar, y que los ojos humanos están de cierta manera coordinados con la esfera solar. Volviendo a períodos anteriores, cuando el hombre aún poseía un conocimiento cualitativo de la astronomía y de los elementos terrenales, vemos que la Luz se relacionaba con lo más cercano a nuestra Tierra, con el Aire. Con su conocimiento instintivo, los antiguos no podían pensar en la Luz sin el Aire. Los pensadores modernos con su conocimiento abstracto no relacionan lo que explican como Luz con el Aire. Ciertamente lo describen de una manera maravillosa —como un movimiento vibratorio del éter—; pero en relación con el Aire, lo más lejos que llegan es considerar el Aire como un medio a través del cual pasa la Luz. ¡Es realmente notable cuánto reflexionan las personas sobre lo que se les impone! Tierra: Espacio Infinito: Estrellas. Entre estas estrellas hay algunas cuya Luz necesita millones de años para llegar a la Tierra. Caída la noche. Aquí hay una estrella cuya Luz necesita menos tiempo para llegar a la Tierra. Solo imagina por un momento: ¿Qué tenemos en los rayos de su Luz? Ciertamente no vemos la estrella misma cuando miramos en dirección a los rayos de Luz. El rayo de Luz que encuentra nuestro ojo, según esta teoría, proviene de algo hace millones de años; incluso puede haber perecido hace mucho tiempo, pero su Luz todavía está viajando hacia aquí. No se nos dice nada de lo que realmente está allá afuera en el Cosmos. Todo lo que se nos dice es cómo se acercan los canales de Luz, que quizás nos lleven de vuelta a alguna estrella aún existente pero que también pueden llevarnos a alguna estrella que ya no esté allí.

Debemos familiarizarnos con el pensamiento de cómo para nosotros los fenómenos de la Luz se hacen aparentes en el fenómeno del Aire; porque aunque la Luz pase a través del espacio aparentemente sin aire, para nosotros no se ve en el espacio sin aire, sino en el espacio lleno de Aire, ya que solo en tal podemos existir. Así, para nosotros la Luz y el Aire se experimentan juntos. De esta manera podemos adentrarnos más profundamente en la constitución humana; podemos dar un paso más. En la cabeza humana podemos pasar de los ojos a la nariz. La nariz (y la filosofía oriental sabe mucho sobre esto), la nariz es el órgano a través del cual se inhala y se exhala. El ojo es el órgano receptivo para la Luz. La nariz y el ojo están divididos. La nariz está adaptada al Aire, y todo lo que está adaptado al Aire se extiende al mundo de los planetas. El Sol hace el comienzo al trabajar en nuestra parte terrenal; pero el resto de los planetas trabajan en el resto de nuestra constitución; y al descender del mundo estelar al del Sol y los planetas llegamos, en el caso del hombre, como si fuera, a la nariz. Luego descendemos completamente a lo terrenal, pasando de la nariz a la boca, al órgano del gusto, y, tomando las sustancias de la Tierra a través de ese órgano, descendemos del mundo planetario al mundo terrenal. Tenemos el resto del hombre como un apéndice; la cabeza como apéndice de los ojos, el pecho como apéndice de la nariz, y todo lo demás del hombre, el hombre de los miembros, el hombre metabólico como apéndice del órgano del gusto. Ahora hemos dividido al hombre, tomándolo en su totalidad, en el mundo estelar, el mundo solar y planetario y el mundo terrenal. Lo hemos situado en todo el Universo y cuando miramos su cerebro — internamente, no externamente; no por anatomía física, sino por conocimiento interno— vemos en la cabeza humana, en la medida en que es el portador del cerebro, una copia directa del mundo estelar. Vemos en todo lo que se extiende desde la nariz hasta los pulmones, una copia del sistema planetario con el Sol. Si luego consideramos el resto, vemos esa parte del hombre que está ligada a la Tierra, como por ejemplo los animales. De esta manera solo llegamos al verdadero paralelo entre el hombre y el resto del mundo. Así debería entenderse al hombre, incluso en detalle.

Considera por un momento la circulación de la sangre. La sangre, transmutada por el aire externo, entra en la aurícula izquierda, pasa al ventrículo izquierdo y de allí se ramifica a través de la aorta en el organismo. Podemos decir: La sangre pasa de los pulmones al corazón, de ahí al resto del organismo, pero también se ramifica hacia la cabeza. Sin embargo, la sangre al pasar por el organismo absorbe el alimento. Y en esto se introduce todo lo que depende de la Tierra. Todo lo que el aparato digestivo introduce en la circulación sanguínea es terrenal. Lo que se introduce a través de la respiración, cuando llevamos oxígeno al torrente sanguíneo, es planetario. Y luego tenemos la circulación sanguínea que va hacia la cabeza, que incluye todo lo que compone la cabeza. Así como el curso circulatorio de los pulmones con su absorción de oxígeno y liberación de dióxido de carbono pertenece al sistema planetario, así como lo que se introduce a través del aparato digestivo pertenece a la Tierra, esa parte del curso circulatorio que se ramifica hacia arriba pertenece al mundo estelar. Es, por así decirlo, separado de la aorta y luego fluye de regreso y se une con la sangre que regresa del resto del organismo, de modo que fluyen conjuntamente de regreso al corazón. Aquello que se ramifica hacia arriba dice, por así decirlo, a todo el resto del curso circulatorio: 'No participo ni en el proceso de oxigenación ni en el proceso digestivo, sino que me separo. Me invierto hacia arriba.' Eso es lo que pertenece al mundo estelar. Y el sistema nervioso podría seguirse de la misma manera.

No se llega a ninguna percepción del hombre pensando que puede ser estudiado desde su aspecto físico únicamente. Al hacerlo, solo encontramos en el cráneo esa pulpa descrita por nuestra anatomía física. Lo que describe simplemente no existe. En realidad, es la confluencia de fuerzas de los cielos estrellados. Describir el cerebro físico por sí solo, es como describir una rosa por sí sola. Eso no tiene sentido, porque una rosa no es una entidad por sí misma. No puede ser disociada de su arbusto. No es nada aparte de su arbusto. De la misma manera, el cerebro humano no es nada aparte de los cielos estrellados.

Sin embargo, aquí recordemos la verdadera naturaleza del Sol. Una y otra vez he enfatizado cuán asombrados estarían los físicos si pudieran equipar un dirigible (en realidad forma parte de su ideal hacerlo) y pudieran viajar al Sol, imaginando que encontrarían allí una bola de gas incandescente. No encontrarían esto, sino una esfera de succión, tratando de absorber todo lo posible en sí misma, realmente un espacio vacío, incluso menos que vacío, una negación de la materia. Dentro de la circunferencia del Sol no hay nada comparable a nuestra materia. No es simplemente vacío, sino menos que vacío; es en blanco, como un agujero, en comparación con el resto de la materia. Realmente es importante que uno no comience en estos días a especular sobre cosas del mundo, sin ningún acuerdo con la realidad, sino que se llene con el espíritu de la realidad. Recientemente he hablado mucho sobre la Teoría de la Relatividad.

Recordarán lo que presenté con respecto a la caja de Einstein mediante la cual se supone que se supera la teoría de la gravedad. Otra afirmación de Einstein es que incluso la dimensión de un cuerpo es meramente relativa y depende de la rapidez del movimiento. Así, según la teoría de Einstein, si un hombre se moviera a través del espacio cósmico con cierta velocidad, no conservaría su volumen de frente hacia atrás, sino que se volvería tan delgado como una hoja de papel. Esto se discute con toda seriedad. Habitar en pensamientos ajenos a la realidad forma la 'ciencia' de hoy. Y es el polo opuesto a lo que tenemos, por otro lado, como fe.

Al médico se le ha relegado a lo puramente físico, al sacerdote a lo que es puramente del alma. En cuanto a lo Espiritual, ha sido abolido. Pero cuando se trata de considerar todo lo que está fuera de lo físico como un asunto secundario —caballos, carruaje, estos son reales para los sentidos físicos; y las fuerzas de los caballos, estas se transmutan en calor, calor de los caballos, calor de los ejes y calor de los surcos del camino— y por el resto, bueno, ni siquiera podemos llamar al resto una 'quinta rueda' del carro, porque es menos que eso, es un mero asunto secundario, un efecto secundario. En cuanto al sacerdote, ni siquiera se puede decir que sea la quinta rueda del carro en la concepción moderna —¡porque qué logra si todo lo 'restante' es un asunto secundario! Cuando médicos como Julius Robert Mayer hacen filosofía, hacen física; y cuando los seguidores de la sustancia del alma, o lo que sea, hacen filosofía, se convierte en conceptos abstractos; y los dos flujos mundiales fluyen uno al lado del otro completamente ajenos el uno al otro, el médico materialista de mediados del siglo diecinueve y el pastor predicador; realmente ni siquiera se han entendido ni siquiera han prestado atención el uno al otro, a lo sumo tal vez han disputado políticamente. Seguramente ha llegado ahora un tiempo en el que hay poca honestidad o consistencia, y este estado de cosas debe ser seriamente combatido y superado.

No solo tenemos que combatir la malicia, sino que quizás también se debe tener en cuenta toda clase de estupidez e ignorancia. Así son las cosas. —Permítanme llamar especialmente la atención sobre el hecho de que por cierto motivo tengo la intención de dar tres conferencias sobre la filosofía de Tomás de Aquino en Pentecostés. No sé si nuestros oponentes nos negarán el derecho a estudiar a Tomás de Aquino aquí. Como saben, por orden del Papa León XIII, la doctrina de Tomás de Aquino fue declarada la filosofía oficial de la Iglesia Católica Romana y me pregunto si esto, que estamos a punto de estudiar aquí, será descrito como propaganda ilegal emanada de Dornach. Esperaremos y veremos. Dejemos que el viento sople de cualquier dirección, lo esperaremos. Pero quizás sea bueno que una vez nos encontremos con todas las palabras que provienen de ese particular sector con un estudio serio de la doctrina de Tomás de Aquino.

Conferencia Dieciséis: La Transcendencia del Pensamiento y la Materialidad en la Evolución Humana

Los filósofos de hoy en día dicen que el efecto del alma y el espíritu sobre el cuerpo no puede percibirse, porque imaginan un brazo como una especie de dispositivo de palanca sólida; y por supuesto, no pueden ver cómo se transmite la actividad del alma y el espíritu, que se concibe de la manera más abstracta posible, a este aparato de palanca sólida. Pero basta con fijar la atención en la transición, y encontramos allí lo que ha sido organizado para el hombre de todo el Universo. Si realmente estudiamos el pensamiento humano, encontramos que el pensamiento que se afirma en nuestra cabeza tiene mucho que ver con este trabajo interno que se lleva a cabo dentro de las relaciones de calor. (Esto no se expresa exactamente así, pero la inexactitud quizás solo pueda corregirse con el tiempo. Debemos tratar de obtener una imagen completa, por lo tanto, comenzaré con una descripción más superficial.) Si observamos este intercambio de pensamientos en el espacio de calor, en el espacio de calor aislado, es evidente que algo como una cooperación de la actividad del pensamiento y la actividad del calor tiene lugar. ¿En qué consiste esto? Aquí llegamos a algo que exige una consideración muy cuidadosa.

Tomando primero todo el resto del hombre, y luego su cabeza, por supuesto, podemos rastrear una transmutación de materia (metabolismo) desde lo primero hasta lo último; y el hecho de que en última instancia la cabeza tenga que ver con el pensamiento — eso lo percibimos como una experiencia directa. Sin embargo, ¿qué sucede realmente? Llegaremos a esto gradualmente a través de imágenes apropiadas. Supongamos que tenemos alguna sustancia fluida; la llevamos al punto de ebullición, luego se evapora y cambia a una sustancia más rara. Este mismo proceso tiene lugar de manera mucho más intensa con el pensamiento humano. Todo lo que desempeña su papel como transmutación de sustancias en la cabeza humana hace que toda sustancia caiga como un sedimento, se precipita, y no queda nada más que la mera imagen.

Ahora usaré otro ejemplo. Supongamos que tienes un recipiente que contiene una solución. Esto lo enfrías, lo cual es nuevamente un proceso de calor. Se acumula un sedimento abajo, y arriba queda un líquido más fino. Esto también sucede con la cabeza humana; solo que aquí no se recoge ninguna sustancia arriba, nada más que imágenes, toda la materia es expulsada. Esta es la actividad de la cabeza humana; forma lo que son meras imágenes y expulsa la materia.

Este proceso, de hecho, tiene lugar en todo lo que pueda llamarse transición al pensamiento puro. Toda la sustancia material que ha cooperado en la vida interior humana retrocede al organismo, y solo permanecen las imágenes. Es un hecho que cuando ascendemos al pensamiento puro, vivimos en imágenes. Nuestra alma vive en imágenes; y estas imágenes son los restos de todo lo que ha ocurrido antes. No la sustancia, sino las imágenes permanecen.

Lo que acaba de presentarse puede seguirse en los propios pensamientos, ya que este proceso solo tiene lugar en el momento en que los pensamientos se convierten en simples imágenes. Al principio, los pensamientos viven, por así decirlo, encarnados. Están impregnados de sustancia; pero como imágenes, se separan de esta sustancia. Sin embargo, si trabajamos de manera verdaderamente científica espiritual, podemos distinguir bastante fácilmente el pensamiento puro, el pensamiento libre de sentidos que se ha separado del proceso material, de todos los pensamientos pertenecientes a lo que he llamado en estas conferencias la "sabiduría instintiva de los antiguos".

Esta sabiduría instintiva de los antiguos, como la aprendemos hoy, lleva en sí, literalmente y exactamente, el carácter de no haber sido llevada a tal filtración del pensamiento que toda sustancia material desapareciera. Tal desaparición de toda materia es un resultado del desarrollo humano. Aunque no sea observado por la fisiología externa, es un hecho que virtualmente —por supuesto, virtualmente y aproximadamente— los pensamientos de la humanidad terrenal antes del Misterio del Gólgota siempre estuvieron unidos a la materia, y que en el momento de la intervención del

Misterio del Gólgota en la vida terrenal, la humanidad había llegado al punto en la evolución de poder disociarse de la materia en el proceso interno del pensamiento; el pensamiento libre de materia se hizo posible.

¡Esto no debe ser considerado como algo sin importancia! De hecho, es de suma importancia que observemos este desarrollo en la vida terrenal —que el hombre en su evolución se ha liberado de la encarnación de los pensamientos; que han cambiado a imágenes puras. Así podemos decir que hasta el momento del Misterio del Gólgota, las imágenes encarnadas vivían en el hombre; pero después del Misterio del Gólgota, las imágenes libres de materia vivían en el hombre. Antes del Misterio del Gólgota, el Universo actuaba sobre el hombre de tal manera que no podía alcanzar imágenes libres del cuerpo, libres de materia. Desde el Misterio del Gólgota, el Universo se ha retirado, por así decirlo. El hombre ha sido trasladado a una existencia que solo tiene lugar en imágenes.

Lo que el hombre sentía antes del Misterio del Gólgota como su conexión con el Universo, eso también lo relacionaba con el Universo. Relacionaba la vida humana en la Tierra con el Cielo. Esto podemos observarlo con bastante exactitud. El antiguo hebreo estaba claramente y distintamente consciente de que las doce tribus del antiguo Israel eran proyecciones en la Tierra de las constelaciones del Zodíaco. La multiplicidad de doce del Universo se expresa en la vida del hombre; y podemos decir que en aquellos días la vida del hombre se representaba como resultado de la multiplicidad de doce del Cielo, del Zodíaco. Cada hombre sentía el cielo estrellado fluyendo hacia él; y sobre todo un grupo de hombres se sentía como un grupo en el que el cielo estrellado irradiaba. En la evolución de la antigüedad hebrea debemos retroceder al tiempo en que se nos habla de los doce hijos de Jacob como la proyección en la Tierra de las doce regiones del Cielo. Así como hubo esta influencia de las fuerzas celestiales sobre el hombre terrenal en la antigüedad, también, puesto que en las diferentes partes de la superficie terrestre la evolución ocurrió en diferentes momentos, en Europa encontramos algo similar en un tiempo posterior. Debemos retroceder a la Edad Media y estudiar las leyendas del Rey Arturo y su Mesa Redonda, esas significativas leyendas celtas. Porque la Europa Central se desarrolló más tarde hasta la etapa alcanzada por los antiguos hebreos miles de años antes. Europa Central solo había llegado hasta el momento al que se asignan las leyendas de Arturo y su Mesa Redonda. Sin embargo, había una diferencia. La antigüedad hebrea evolucionó hasta el punto en que la influencia del Universo todavía producía imágenes encarnadas. Luego llegó el momento en que el cuerpo se retiró de las imágenes, cuando las imágenes tuvieron que recibir una nueva sustancia. De hecho, había un peligro de que, en lo que respecta a su vida del alma, el hombre pasara completamente a una existencia de imágenes. Este peligro el hombre no lo reconoció de inmediato. Incluso Descartes aún estaba luchando, y en lugar de decir: 'Pienso, luego no soy', dijo lo contrario de la verdad: 'Pienso, luego soy'. ¡Porque cuando vivimos en imágenes, realmente no somos! Cuando vivimos en meros pensamientos, es la señal más segura de que no somos. Los pensamientos deben estar llenos de sustancia. Para que el hombre no continuara viviendo en meras imágenes, para que la sustancia interior volviera a estar en el ser humano, intervino Aquel que entró a través del Misterio del Gólgota. La antigüedad hebrea fue la primera en encontrarse con esta intervención de la fuerza central, que ahora iba a devolver la realidad al alma humana que se había convertido en imagen. Esto, sin embargo, no fue comprendido de inmediato. En la Edad Media tenemos las últimas ramificaciones en los doce alrededor de la Mesa Redonda del Rey Arturo; pero esto pronto fue reemplazado por algo más: la Leyenda de Parsifal, que sitúa a Un hombre frente a los doce, Un hombre, que desarrolla la multiplicidad de doce desde su propio centro interno. Así, frente a esa imagen que era esencialmente la imagen del Grial, debe estar la imagen de Parsifal, en la que lo que el hombre posee ahora dentro de él irradia desde el centro. El esfuerzo de aquellos en la Edad Media que deseaban entender la imagen de Parsifal, que deseaban hacer activa la lucha de Parsifal en el alma humana, era llevar a la existencia de imágenes que pudiera cristalizarse en el hombre después de que toda la materialidad se hubiera filtrado, llevar a ella verdadera sustancia, interioridad del ser. Mientras que la leyenda del Grial muestra todavía la influencia desde afuera, la figura de Parsifal ahora se sitúa frente a ella, irradiando desde las imágenes lo que puede devolverles realidad.

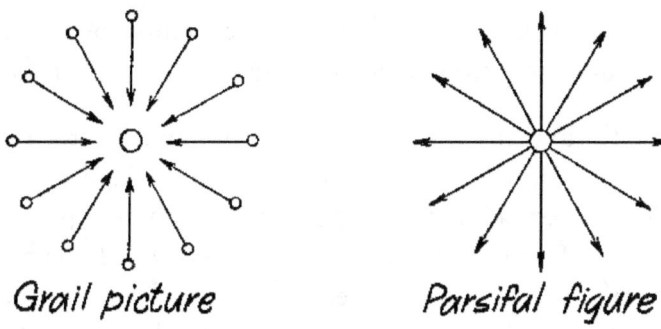

Grail picture **Parsifal figure**

En la medida en que la Leyenda de Parsifal apareció en esta forma, representaba la lucha de la humanidad en la Edad Media por encontrar el camino hacia el Cristo interior. Representa un esfuerzo instintivo por comprender lo que vive como el Cristo en la evolución de la humanidad. Si uno estudia interiormente lo que se experimentaba en la forma de esta figura de Parsifal, y lo compara con lo que se encuentra en los credos modernos, recibe un fuerte impulso hacia lo que debe suceder hoy. Hoy en día, la gente está satisfecha con la mera cáscara de la palabra 'Cristo' y cree que así poseen a Cristo, cuando ni siquiera los teólogos mismos lo poseen, sino que se aferran a la interpretación externa de la palabra. En la Edad Media aún quedaba tanta conciencia directa, que al comprender al representante de la humanidad, Parsifal, los hombres podían abrirse camino hacia la forma de Cristo. Si reflexionamos sobre esto, recibimos la impresión del lugar del hombre en todo el Universo. En todo el mundo de la Naturaleza, prevalece la conversión de fuerzas. Solo en el hombre la materia es arrojada por el pensamiento puro. Esa materia que realmente es expulsada del ser humano por el pensamiento puro también es aniquilada, pasa a la nada.

Si reflexionamos sobre esto, debemos pensar en toda la existencia terrenal de la siguiente manera: Aquí está la Tierra, y en la Tierra, el hombre; en el hombre pasa la materia. En todas partes más se transmuta. En el hombre se aniquila. La Tierra material pasará en la medida en que la materia sea destruida por el hombre. Cuando, algún día, toda la sustancia de la Tierra haya pasado a través del organismo humano, siendo utilizada allí para el pensamiento, la Tierra dejará de ser un cuerpo cósmico. Y lo que el hombre habrá ganado de esta Tierra cósmica serán imágenes. Sin embargo, estas tendrán una nueva realidad, habrán conservado una realidad original. Esta realidad es la que procede de la fuerza que, como fuerza central, se hace sentir a través del Misterio del Gólgota. Así, cuando miramos hacia el fin de la Tierra, ¿qué vemos? El fin de la Tierra llegará cuando toda su sustancia sea destruida como se describe arriba. El hombre entonces poseerá imágenes de todo lo que ha tenido lugar en la evolución terrenal. Al final del período terrenal, la Tierra habrá descendido al Universo, y solo quedarían imágenes, sin realidad. Sin embargo, lo que les da realidad es el hecho de que el Misterio del

Gólgota haya estado presente en la humanidad; eso les da a estas imágenes una realidad interior para la vida por venir. A través del Misterio del Gólgota, se establece un nuevo comienzo para la existencia futura de la Tierra.

A partir de esto, podemos ver que lo que está contenido en nuestra corriente de evolución no debe ser considerado simplemente como una corriente continua, donde una cosa está siempre relacionada con otra como efecto a causa, sino que debemos considerar así la evolución terrenal que reconozcamos en primer lugar una evolución pre-cristiana, de la cual surgió todo lo que los hombres podían pensar en ese momento, porque lo que pudieron pensar entonces estaba contenido en el Padre-Dios, se les impartió a la Tierra a través de Él. Sin embargo, la naturaleza y el trabajo del Padre-Dios fueron tales que lo que Él creó como evolución terrenal se entregó a esa parte de la evolución terrenal que tiende a desaparecer. Se hizo un nuevo comienzo con el Misterio del Gólgota. De todo lo que había ocurrido antes solo debían permanecer imágenes, como pinturas descriptivas del mundo. Sin embargo, estas imágenes iban a recibir una nueva realidad a través de lo que entró como Ser en la evolución de la Tierra a través del Misterio del Gólgota. Esa es la importancia cósmica del Misterio del Gólgota; eso es lo que quería decir hace años, cuando dije: El cristianismo no será comprendido hasta que haya penetrado incluso en la física de nuestra Tierra, hasta que comprendamos cómo, incluso en cosas físicas, la sustancia cristiana actúa en la existencia mundial. No hemos comprendido el cristianismo hasta que podamos decirnos a nosotros mismos: Precisamente en el dominio del calor está ocurriendo un cambio en el hombre de tal manera que a través de él la materia está siendo destruida y surge una existencia puramente pictórica de la materia; pero a través de la unión del alma humana con la sustancia cristiana, esta existencia pictórica se convierte en una nueva realidad.

Si comparamos este pensamiento, que nos muestra la interrelación de lo que el hombre ha transformado en alma y espíritu con la existencia física, si comparamos todo este pensamiento con los desalentadores pensamientos científicos de los tiempos modernos que solo pueden llevarnos a un callejón sin salida, veremos su gran y profunda significación, y veremos cómo debemos considerar pensamientos como los de Julius Robert Mayer, que son en realidad lo que cae de la existencia cósmica, así como el hielo y la nieve se derriten ante el Sol. Sin embargo, el hombre retiene estas imágenes, y obtienen una realidad para el futuro porque una nueva sustancia las ha tomado, la sustancia que ha pasado a través del Misterio del Gólgota.

Y a través de esto, se establece el pensamiento de la libertad para el hombre y se une al pensamiento científico. Esto se logra porque el hombre dice: No 'conservación de la materia y de la energía'; sino, 'la materia y la energía tienen una vida temporal asignada a ellas'. No participamos en el Universo material en desarrollo, sino en su decadencia, y ahora tenemos que elevarnos por encima de ella hasta la mera existencia pictórica e impregnarnos de Aquello a lo que solo podemos dedicarnos con nuestro libre albedrío, al Ser del Cristo. Porque Él se encuentra en la evolución humana de tal manera que la conexión del hombre con Él solo puede ser una libre. Quien busque ser obligado a reconocer a Cristo no puede encontrar Su Reino, solo puede elevarse al Padre-Dios Universal, quien sin embargo, en nuestro mundo, ahora solo tiene una parte en un mundo en decadencia, y precisamente por la decadencia de su propio mundo, ha enviado al Hijo. La cosmogonía espiritual debe unirse con la cosmogonía natural, pero deben unirse en el hombre — y eso mediante un acto libre. Por lo tanto, solo podemos decir de alguien que desea demostrar la libertad que todavía se encuentra en un antiguo punto de vista pagano. Todas las pruebas de la libertad fallan; nuestra tarea no es demostrar la libertad, sino tomarla. Se comprende cuando uno entiende la naturaleza del pensamiento libre de los sentidos. Sin embargo, el pensamiento libre de los sentidos necesita nuevamente la conexión con el mundo, y esta conexión no la encuentra a menos que se una con lo que ha sido introducido en la evolución del mundo como nueva sustancia a través del Misterio del Gólgota.

Así, el puente entre la cosmogonía natural y moral yace en una comprensión adecuada del cristianismo. Podría parecer muy extraño que precisamente aquellos que sostienen los credos modernos —así como los credos antiguos que extienden su influencia hasta la vida moderna— no deseen una ciencia que conduzca hacia el cristianismo, sino que deseen una ciencia lo más materialista posible, para que una fe no científica pueda mantenerse junto a ella.

En este contexto podríamos decir: El materialismo moderno y el cristianismo reaccionario están muy estrechamente relacionados, porque este último ha llevado a la humanidad a la concepción de que lo espiritual no debe ser penetrado por un verdadero conocimiento. El conocimiento debe mantenerse libre de lo Espiritual, debe mantenerse alejado de él, debe extenderse solo a lo material. Así, por un lado está el defensor de uno u otro credo, que dice: La ciencia se extiende solo a lo que es perceptible por los sentidos; todo lo demás debe ser comprendido solo por la fe. Por otro lado, está el materialista, que dice: la ciencia se extiende solo a lo que es perceptible por los sentidos; y la fe la he abandonado.

La Ciencia Espiritual no está relacionada con el materialismo. Los credos modernos están de hecho muy relacionados con él; es decir, los credos antiguos introducidos en la vida moderna están de hecho estrechamente relacionados con el materialismo.

Creo que ahora he mostrado cómo la posibilidad de impregnar la ley moral con lo que podemos conocer de la naturaleza, y viceversa, de impregnar el conocimiento de la naturaleza con la ley moral, está vinculada con la

Ciencia Espiritual. Porque el fantasma que figura hoy en la ciencia externa como el Hombre, esa ilusoria imagen que muestra al Hombre como una configuración de sustancia mineral, simplemente no existe. El Hombre está tan organizado en el elemento Líquido como en el Sólido; también está organizado en el elemento Aire, y sobre todo, en el del Calor. Cuando llegamos hasta el Calor, encontramos la transición a la naturaleza alma y espíritu, porque en el Calor tenemos ya la transición de Espacio a Tiempo; y lo que es del alma fluye en lo temporal. Más allá del Calor, pasamos cada vez más de Espacio a Tiempo, y se vuelve posible, por el camino indirecto aquí indicado, buscar lo moral en lo físico. De hecho, podría decirse que alguien que piensa a corto plazo apenas llegará a la conexión de lo moral con lo físico en la naturaleza humana, ya que uno podría ciertamente enfrentarse a la muerte como un malhechor sin descolocarse un miembro, pero permaneciendo como un hombre bien formado. Sin embargo, no se examina la condición de calor en el hombre. La condición de calor cambia de manera mucho más sutil y delicada de lo que se supone, y vuelve sobre lo que el hombre lleva a través de la muerte. Hoy en día, el método de estudio es tal que miramos hacia la abstracción, tenemos nuestros pensamientos allí arriba; y miramos hacia abajo en lo físico-material. No hacemos la transición a menos que pasemos al calor interiormente agitado que yace entre estos, que tiene, al menos para el instinto humano, todavía un aspecto físico además de un aspecto del alma. Podemos desarrollar calor para nuestros semejantes moralmente —calor del alma, que es el equivalente del calor físico. Sin embargo, este calor del alma no surge a través de un cambio físico en el sentido de la teoría de Julius Robert Mayer; surge —pero ¿cómo surge? Podría decir que aquí se da evidencia palpable de sí mismo. ¿Por qué hablamos de sentimientos 'cálidos'? Porque sentimos, experimentamos que el sentimiento que llamamos 'cálido' da la imagen del calor físico exterior. El calor se filtra en la imagen. Lo que hoy es solo calor del alma en el futuro existencia cósmica jugará un papel físico, porque el Impulso Cristo vivirá en él. Lo que hoy es simplemente calor pictórico en nuestro mundo del Sentimiento —vivirá, para que pueda volverse físico cuando el calor de la Tierra haya desaparecido, porque es lo que es la Sustancia Cristo, la Naturaleza Cristo. Intentemos encontrar esa delicada conexión entre el calor físico externo y lo que instintivamente llamamos calor de sentimiento; intentemos encontrarlo. Vayamos a lo que Goethe dijo en su libro llamado 'Los efectos materiales-morales de los colores', veamos cómo en su percepción del color coloca los colores refrescantes a un lado y los colores cálidos al otro; cómo une lo moral material con las condiciones físicas que pueden medirse en cierta medida con un termoscopio, y muestra cómo el elemento del alma interactúa con lo externo y lo físico. Entonces llegamos a un aspecto de cómo se puede encontrar una cosmogonía moral en el estudio de Goethe.

Los jesuitas, por supuesto, odian esta alianza. Por lo tanto, el mejor libro sobre Goethe escrito desde el pensamiento jesuita es un libro venenoso, un libro terrible, aunque mucho más ingenioso y efectivo que cualquier cosa escrita sobre él en otro lugar, porque está escrito con retórica interna jesuítica. Me refiero a la obra en tres volúmenes sobre Goethe escrita por el Padre Baumgartner. Está lleno de rencor y malicia, pero es tanto poderoso como efectivo. Podemos estar muy seguros de que en ese mundo, del cual muchas personas no tienen concepción, un mundo que también nos se opone a nosotros, Goethe es mejor conocido de lo que es entre círculos más cultos. Aquellos que aprecian a Goethe y lo entienden desde el punto de vista positivo, forman una comunidad pequeña. Hay una gran comunidad de los que lo odian; no concebimos que sea la mitad de grande. Hace algún tiempo señalé cuán poco despiertas están las personas a lo que vive entre nosotros —una vez dije que me habría gustado que se hicieran conteos en la puerta de todos aquellos que conocieran la obra alemana, Las trece tilias de Weber, una obra que era verdaderamente católica romana en el sentido más positivo. ¡Me gustaría saber cuántos serían! El resultado sería lamentable. Sin embargo, poco después de la publicación, esta obra pasó por cientos de ediciones. ¿Tienen aquellos que llevan adelante la humanidad alguna idea en su conciencia despierta de cuán extendidas son estas cosas? Que tienen un efecto extendido es cierto; también lo tienen aquellas cosas de las que procede el conflicto con nosotros. Mientras que tenemos una pequeña comunidad que se aferra a Goethe, pero aún nunca es capaz de señalar algo de importancia de la sabiduría de Goethe, el libro jesuita sobre Goethe está escrito con gran ingenio y sagacidad —y eso es precisamente lo que necesitamos, que estemos llenos de un espíritu despierto. La Ciencia Espiritual seguramente tendrá éxito si una vida espiritual despierta realmente arraiga en nosotros.